Python

实战 速成手册

数据分析+机器学习+深度学习

方勇 著

人民邮电出版社

北京

图书在版编目（CIP）数据

Python实战速成手册 ： 数据分析+机器学习+深度学习 / 方勇著. -- 北京 ： 人民邮电出版社，2022.3（2022.11重印）
ISBN 978-7-115-57449-7

Ⅰ．①P… Ⅱ．①方… Ⅲ．①软件工具－程序设计－手册 Ⅳ．①TP311.561-62

中国版本图书馆CIP数据核字(2021)第195063号

内 容 提 要

　　本书基于 Python 语言，较为全面地讲解了数据分析、机器学习、深度学习的相关知识，涵盖统计学基础、Python 基础、Python 面向对象入门、在 Python 中操作 MySQL、NumPy、pandas、Matplotlib、Scikit-Learn，以及人工智能、神经网络等内容。本书还包括大量代码和综合练习，以及丰富的实战案例。

　　本书适合对数据分析、机器学习与深度学习感兴趣的读者学习，也适合作为相关专业的培训参考，还适合从事人工智能相关工作的人员阅读。

　◆ 著　　　　　方　勇
　　责任编辑　李　强
　　责任印制　陈　犇

　◆ 人民邮电出版社出版发行　　北京市丰台区成寿寺路 11 号
　　邮编　100164　电子邮件　315@ptpress.com.cn
　　网址　https://www.ptpress.com.cn
　　北京捷迅佳彩印刷有限公司印刷

　◆ 开本：787×1092　1/16
　　印张：15.25　　　　　　　　　2022 年 3 月第 1 版
　　字数：335 千字　　　　　　　2022 年 11 月北京第 2 次印刷

定价：69.80 元

读者服务热线：(010)81055493　印装质量热线：(010)81055316
反盗版热线：(010)81055315
广告经营许可证：京东市监广登字 20170147 号

目前，与 Python 相关的应用变得越来越普及。新闻推送、广告植入、教育培训……大都是 Python 在数据分析中的应用，甚至垃圾分类也与 Python 结合进行数据分析和跟踪。Python 因其在处理数据和分析数据方面的优势，成为数据分析中被广泛使用的编程语言。

作为一种脚本语言，Python 已经存在很长时间了，但最近几年突然成为热点，是因为人们发现 Python 在数据处理、数据可视化、机器学习、深度学习等方面具有得天独厚的优势。

（1）Python 有庞大的库和组件，可以快速处理大量数据、绘制可视化图形、操作数据库、进行网络编程、开发桌面和 Web 应用程序等。

（2）Python 是一种面向对象的语言，有其他编程语言基础的人很容易学习和上手。

（3）Python 是开源的。

同时，Python 的 NumPy、SciPy、pandas 库能够非常快速和方便地操作大量数据、进行科学计算，Matplotlib 库能够以简洁的代码绘制出漂亮的图形。灵活、准确地运用好 Python 的各种库和组件，能够帮助我们实现数据分析和可视化。Scikit-Learn 是针对 Python 编程语言的免费机器学习库，它具有各种分类、回归和聚类算法，包括支持向量机、随机森林、梯度提升等。Keras 是一个用 Python 编写的神经网络应用程序接口，它能够以 TensorFlow、CNTK 或 Theano 作为后端运行。Keras 的开发重点是支持快速的实验，能够以最低的时延把我们的想法转换为实验结果。因此，本书以 Python 语言为基础，带领读者重点学习 Python 基础知识并进行深度数据分析和可视化。

从整体上来看，本书有以下特点。

（1）本书语言通俗易懂，以实例为主线，且附带大量源代码。

（2）本书专注于 Python 实际操作中用到的技术，能使读者尽快上手，进行项目开发。

通过学习本书，读者能获得以下知识和技能。

（1）了解 Python 基本概念和背景，掌握 Python 的安装与配置，了解常见 Python 开发平台。

（2）掌握 Python 的基本语法、Python 读写文件和操作 MySQL 数据库的方法。

（3）掌握数据清洗和预处理的概念和原则、脏数据的清洗方法，以及使用 pandas 库预处理数据的基本方法和步骤。

（4）掌握数据分析的主要环节（阶段）和各个环节（阶段）的特点，以及如何使用pandas 进行数据清洗。

（5）掌握使用 Scikit-Learn 进行机器学习的方法，包括无监督学习与监督学习。

（6）掌握与 Keras 相关的 FNN（前馈神经网络）、RNN（循环神经网络）、CNN（卷积神经网络）算法。

在本书的编写过程中，作者竭尽所能地为读者呈现实用、全面的内容，但其中难免有疏漏和不妥之处，敬请广大读者不吝指正。

本书配备了相关代码资源，读者若有需要，可联系作者获取。

作者邮箱：36094705@qq.com。

CONTENTS
目录

第 1 章

统计学基础

1.1 数据分布

1.1.1 正态分布

正态分布（Normal Distribution）又名高斯分布（Gaussian Distribution），是一个非常常见的连续概率分布。正态分布在统计学上十分重要，常用于自然科学和社会科学领域，代表一个随机变量。数据可以以不同的方式分布，如图 1-1 所示。

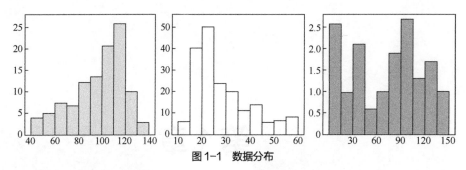

图 1-1　数据分布

大多情况下，数据分布趋向于一个中心值，而没有左右偏差，并且接近"正态分布"，如图 1-2 所示。

"钟形曲线"是一个正态分布。图 1-2 中的直方图显示了紧随其后的数据，但通常并不完美。

在正态分布的情况下，平均值（Mean）、中位数（Median）、众数（Mode）位于中心，如图 1-3 所示。

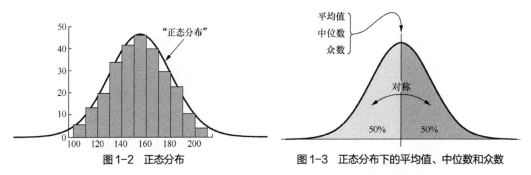

图 1-2　正态分布　　　　　图 1-3　正态分布下的平均值、中位数和众数

正态分布的特征：

（1）平均值＝中位数＝众数；

（2）比平均值小的值占比 50%，比平均值大的值占比 50%。

1.1.2 偏态分布

偏态分布是指频数分布不对称，集中位置偏向一侧。若集中位置偏向数值小的一侧，称为正偏态分布；集中位置偏向数值大的一侧，称为负偏态分布。数据可以"歪斜"，这意味着数据的一侧往往有一条长尾巴，如图 1-4 和表 1-1 所示。

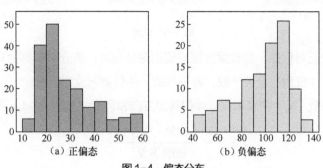

图 1-4 偏态分布

表 1-1 偏态分布详解

偏态分布种类	图例	特征
负偏态		长"尾巴"在峰值的负（左）侧，也有人说这是"左偏"，平均值在峰值的左侧
正偏态		长"尾巴"在峰值的正（右）侧，也有人说这是"右偏"，平均值在峰值的右侧

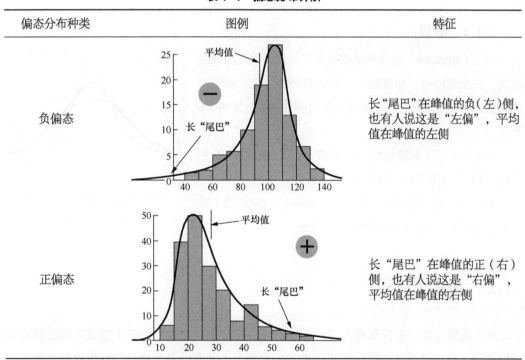

1.1.3 偏度

偏度（Skewness）也称为偏态、偏态系数，是表示数据分布偏斜方向和程度的度量，也是统计数据分布非对称程度的数字特征，如图 1-5 所示。

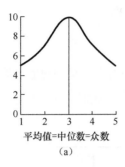 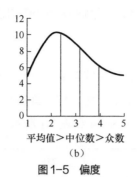 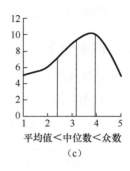

图 1-5 偏度

偏斜意味着缺乏对称性。当数据围绕均值均匀分布时，该分布被称为对称分布。在对称分布中，平均值、中位数、众数一致，即平均值 = 中位数 = 众数。

使用皮尔森系数（S_k）来表示分散体偏斜的方向和程度，如式（1-1）所示。

$$S_k = \frac{3(平均值 - 中位数)}{标准偏差} \tag{1-1}$$

对于对称分布，$S_k=0$；如果分布为负偏态，则 S_k 为负；如果分布为正偏态，则 S_k 为正。S_k 的范围为 $-3 \sim 3$。

1.1.4　峰度

峰度（Kurtosis）用来描述数据分布的陡缓情况。峰度越大，曲线越陡峭；峰度越小，曲线越平滑。在方差相同的情况下，峰度越大，存在极端值的可能性越高，如图 1-6 所示。

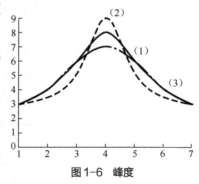

从图 1-6 可以清楚地看出，曲线（1）、曲线（2）和曲线（3）均关于平均值对称。

曲线（1）被称为中速曲线（正态曲线）；曲线（2）被称为超前曲线；曲线（3）被称为扁平曲线。

图 1-6　峰度

1.2　离中趋势

离中趋势又称"差异量数""标志变动度"等，表示在数列中各个数值之间的差距和离散程度。离中趋势是对统计资料分散状况的测定，即找出各个变量值与集中趋势的偏离程度。通过测定离中趋势，可以清楚地了解一组变量值的分布情况。

1.2.1　标准偏差

标准偏差（Std Dev,Standard Deviation）是反映一组测量数据离散程度的统计指标；是指统计结果在某一个时段内误差上下波动的幅度；是正态分布的重要参数之一；是测量变动的统计测算法。它通常不用作独立的指标而是与其他指标配合使用。标准偏差在误差理论、质量管理、计量型抽样检验等领域中均得到了广泛的应用。因此,标准偏差的计算十分重要,它的准确与否对器具的不确定度、测量的不确定度以及所接收产品的质量有重要影响。标准偏差是数据分布程度的度量,它的符号是 σ,其数学表达式如式(1-2)所示。

$$\sigma = \sqrt{\frac{\sum_{i=1}^{n}(x_i - \overline{x})^2}{n-1}} = \sqrt{\frac{(x_1 - \overline{x})^2 + (x_2 - \overline{x})^2 + \cdots + (x_n - \overline{x})^2}{n-1}} \qquad (1\text{-}2)$$

1.2.2 方差

方差和标准偏差一样,都是测量数据变异程度的重要又常用的指标。

方差是各个数据与其算术平均数的离差平方和的平均数,通常以 σ^2 表示。方差的计量单位和量纲不便于从经济意义上进行解释,所以实际统计工作中多用方差的算术平方根——标准偏差,来测量统计数据的差异程度。

设总体方差为 σ^2,方差的计算公式如式(1-3)所示。

$$\sigma^2 = \frac{\sum_{i=1}^{n}(X_i - \overline{X})^2}{n} \qquad (1\text{-}3)$$

以测量狗的肩高(以 mm 为单位)为例,如图 1-7 所示。

图1-7　狗的肩高

从图 1-7 可以看出,狗的肩高(肩膀处)从左到右分别为:600 mm、470 mm、170 mm、430 mm 和 300 mm,根据肩高,我们可以计算出均值、方差和标准偏差。

第 1 步,计算均值。

均值 =(600+470+170+430+300)/5=394

因此,狗的平均肩高为 394 mm,如图 1-8 所示。

图1-8　所有狗的平均肩高

6

第 2 步, 计算每条狗的肩高与平均值的差值, 如图 1-9 所示。

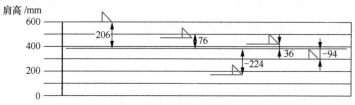

图 1-9　每条狗的肩高与平均值的差值

第 3 步, 计算方差。

$$\sigma^2 = (206^2 + 76^2 + (-224)^2 + 36^2 + (-94)^2)/5$$
$$= (42\,436 + 5\,776 + 50\,176 + 1\,296 + 8\,836)/5$$
$$= 108\,520/5$$
$$= 21\,704$$

所以方差是 21 704。

第 4 步, 计算标准偏差, 标准偏差为方差的平方根。用标准偏差值进行绘制, 如图 1-10 所示。

$$\sigma = \sqrt{21\,704}$$
$$\approx 147\,(\text{精确到 mm})$$

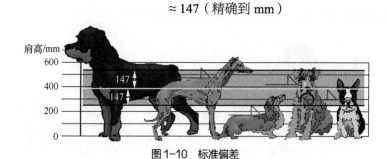

图 1-10　标准偏差

通过标准偏差, 我们了解到罗威纳犬 (左一) 是体型高大的狗, 腊肠犬 (左三) 是体型较小的狗。

1.3　抽样理论

1.3.1　抽样方法

抽样又称取样, 从欲研究的全部样品中抽取一部分样品单位。其基本要求是要保证所抽取的样品单位对全部样品而言具有充分的代表性。抽样的目的是从被抽取样品单位的分析、研究结果来估计和推断全部样品特性, 这是科学实验、质量检验、社会调查普遍采用的一种经济有效的工作和研究方法。抽样方法如表 1-2 所示。

表 1-2 抽样方法

随机抽样 从列表中随机选择	系统采样 例如每 4 个样本	分层抽样 随机，但与组大小成比例	整群抽样

1. 随机抽样

想象一下将所有带有人名的纸条放入桶中，混合在一起，然后把手伸进去选择一些纸条。但这意味着我们需要完整的人名清单以供选择。

示例：我们想了解学校里人们最喜欢的颜色，但没有时间问所有人。

解决方案：首先获得完整的学生名单，然后选择 50 个学生，记下名字并询问他们最喜欢的颜色。

2. 系统采样

遵循某些选择系统，例如"每 10 个人"。

示例：我们想了解学校里人们最喜欢的颜色，但没有时间问所有人。

解决方案：站在大门口，选择"第 4 个到达的人"询问他（她）最喜欢的颜色。这种方法并不完美，因为我们会错过那些不在的人。

3. 分层抽样

根据年龄、职业或性别等特征将人口分为几类，确保我们的调查按调查人口占总人口中的比例抽取每个群体中的人。

示例：我们要在美国调查 300 人，假设 2010 年美国的人口细分如表 1-3 所示。

表 1-3 2010 年美国的人口细分

年龄范围（岁）	百分比
0～4	6.6%
5～17	17.5%
18～23	9.9%
24～44	26.6%
45～64	26.4%
65 以上	13.0%

调查 300 人，分层抽样调查的结果如表 1-4 所示。

表 1-4　分层抽样调查的结果

年龄范围（岁）	百分比	人数（人）
0～4	6.6%	20
5～17	17.5%	52
18～23	9.9%	30
24～44	26.6%	80
45～64	26.4%	79
65 以上	13.0%	39

4. 整群抽样

我们将总体分为多个组，然后随机选择几个组。例如，我们将城镇划分为许多不同的区域，然后随机选择 5 个区域并对这些区域中的每个人进行调查。

当聚类的特征彼此相似时，聚类采样效果最佳。例如，如果城镇有贫富区，则尝试创建一种将城镇更公平地划分的新方法。

1.3.2　抽样误差

抽样误差（Sampling Error）是指由于随机抽样的偶然因素使样本各单位的结构不足以代表总体各单位的结构，而引起抽样指标和全局指标的绝对离差。必须指出的是，抽样误差不同于登记误差，登记误差是在调查过程中由于观察、登记、测量、计算上的差错所引起的误差，是所有统计调查都可能发生的。抽样误差不是调查失误引起的，而是随机抽样所特有的误差。

抽样误差的计算公式，如表 1-5 所示。

表 1-5　抽样误差计算公式

抽样种类	计算公式
重复抽样	$\mu_x = \sqrt{\dfrac{\sigma^2}{n}}$
不重复抽样	$\mu_x = \sqrt{\dfrac{\sigma^2}{n}\left(\dfrac{N-n}{N-1}\right)}$

例： 对某鱼塘进行抽样调查，从鱼塘不同位置同时撒网共打捞到 15 条鱼，其中草鱼 12 条，计算抽样误差。已知草鱼比重为 0.8（12/15=0.8），即样本成数 P 的值为 0.8，则抽样误差的计算结果如式（1-4）所示。

$$\sqrt{\frac{0.8\times0.2}{12}}=0.1155 \tag{1-4}$$

1.4 基本统计概念

基本的可视化效果（如条形图）可能会为你提供一些高级信息，有了统计信息，我们就可以针对性地对数据进行操作。这有助于我们得出有关数据的具体结论，而不仅仅是猜测。我们可以使用统计信息更深入地获取数据的确切结构，并基于该结构，最佳地应用其他数据科学方法来获取更多信息。

1.4.1 统计特征

统计特征是数据科学中最常用的统计概念，相关参数通常采用箱形图来表示，如图 1-11 所示。

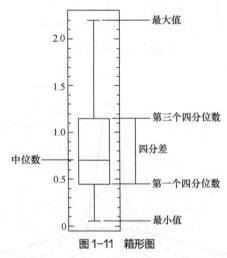

图 1-11 箱形图

框中间的线对应的是数据的中间值，即中位数；第一个四分位数实际上是第 25 个百分点，也就是说，25% 的数据低于该值；第三个四分位数是第 75 个百分点，即 25% 的数据高于该值；最小值和最大值代表数据范围的下限和上限。从图 1-11 中我们可以看出如下几点。

（1）当箱形图较矮时，这意味着许多数据点都是相似的，因为这些值分布在较小范围内；当箱形图较高时，这意味着这些数据点大不相同，因为这些值分布在较大范围内。

（2）如果中间值更接近底部，则大多数数据的值都较小。如果中间值更接近顶部，那么大多数数据的值都较大。如果中线不在框的中间，则表示数据偏斜。

（3）箱线很长意味着数据具有较高的标准偏差和方差，即这些值分散且变化很大。如果框的一侧有较长的箱线，而另一侧没有，则表明数据可能仅在一个方向上变化很大。

1.4.2 概率分布

我们可以将概率定义为某事件可能发生的百分比。在数据科学中，通常将概率量化在 0～1 这个区间，其中 0 表示我们确定这个事件不会发生，而 1 表示我们确定这个事件会发生。

这样，概率分布就是一个函数，它表示实验中所有可能值的概率。常见的有 3 种概率分布，图 1-12 所示为均匀分布（Uniform Distribution），图 1-13 所示为高斯分布，图 1-14 所示为泊松分布（Poisson Distribution）。

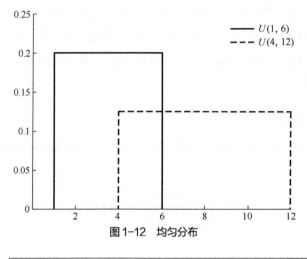

图 1-12　均匀分布

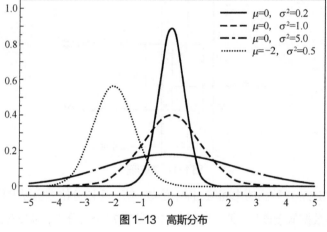

图 1-13　高斯分布

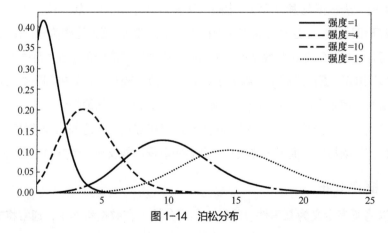

图 1-14　泊松分布

均匀分布是概率统计中的重要分布之一，顾名思义，均匀表示可能性相等。在实际问题中，当我们无法区分在区间 [a, b] 内随机变量 X 取不同值的可能性有何不同时，我们就可以假定 X 服从 [a, b] 上的均匀分布。

高斯分布也称正态分布。若随机变量 X 服从一个数学期望为 μ、方差为 σ^2 的正态分布，记为 $N(\mu, \sigma^2)$，概率密度函数由正态分布的期望值 μ 决定其位置，由标准偏差 σ 决定其分布的幅度。当 $\mu=0$，$\sigma^2=1$ 时的正态分布是标准正态分布。与其他分布（如泊松分布）的重要区别是标准偏差在所有方向上都是相同的。因此，通过高斯分布，我们知道了数据集的平均值以及数据的分布，即分布在一个宽范围内还是高度集中在几个值附近。

泊松分布是统计与概率学中一种常见的离散概率分布，可基于平均成功次数来计算各种"成功"次数的概率，"成功"一词只是意味着结果正在发生。

假设一个工作日内，消防局接听的平均电话数是 8 个，那么在给定的工作日接听 11 个电话的概率是多少？可以使用式（1-5），基于泊松分布的公式来解决此问题。

$$p = \frac{e^{-\mu}\mu^x}{x!} \tag{1-5}$$

其中，e 是自然对数的底数（$e \approx 2.7183$），μ 是"成功"次数的平均数，x 是给定的"成功"的次数。计算过程和结果如式（1-6）所示。

$$p = \frac{e^{-8}8^{11}}{11!} \approx 0.072 \tag{1-6}$$

泊松分布的平均值为 μ，方差也等于 μ。因此，在此示例中，均值和方差均等于 8。

1.4.3 降维

在数据科学中，降维即降低特征变量的数量。

假设一个多维数据集，它具有 3 个维度，共 1 000 个点。计算机很容易处理这 1 000 个点，但是在更大的范围内，我们处理起来也许会遇到问题。若从二维角度（例如从多维数据集的一侧）看这些数据，就可以很容易地对其进行处理。随着降维，我们将三维数据投射到二维平面上，这有效地将需要计算的点数降低到 100 个，大大减少了计算量。

通过降维，我们删除了不重要的特征。例如，在浏览数据集后，我们可能会发现，在 10 个要素中，其中 7 个要素与输出具有高度相关性，而其他 3 个要素具有非常低的相关性。那么这 3 个低相关性要素可能不值得计算，我们将它们删除则不会影响输出。

用于降维的最常用的统计技术是主成分分析（PCA，Principal Component Analysis），它用于创建特征的矢量表示，以显示特征对输出的重要性，即它们的相关性。PCA 可以用于上面讨论的降维方法，如图 1-15 所示。

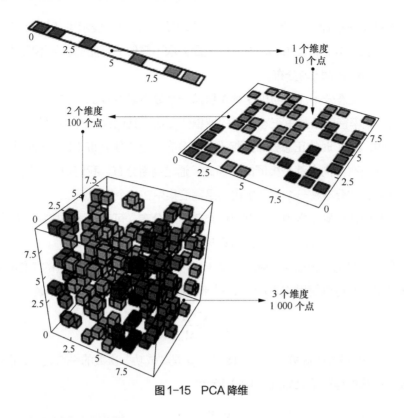

图 1-15　PCA 降维

1.4.4　过采样和欠采样

有时，我们的分类数据集可能过于偏向一侧。例如，对于第 1 类数据集，我们有 2 000 个示例，但是对于第 2 类数据集，我们只有 200 个示例。这不适用于建模数据和进行预测的众多机器学习技术，而上下采样可以解决这个问题。过采样和欠采样如图 1-16 所示。

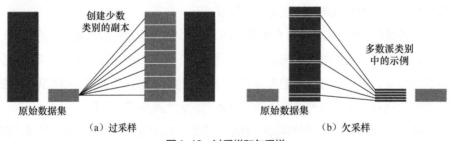

（a）过采样　　　　　　　　　　　　　　　　　　　（b）欠采样

图 1-16　过采样和欠采样

过采样意味着我们将创建少数派类别的副本，以便拥有与多数派类别数量相同的示例。对此进行复制，以保持少数派的分布。

欠采样意味着我们将仅使用多数派类别中的示例，从多数派类别中选择一些数据，以保持类别的概率分布，我们通过减少采样来使数据集均匀分布。

1.4.5　贝叶斯统计

我们用一个例子来解释贝叶斯统计。假设警察使用一个假冒伪劣的呼气测试仪来测试司机是否醉驾。这个仪器有 5% 的概率会把一个正常的司机判断为醉驾，但对真正醉驾的司机，其测试结果是 100% 准确的。从过往的统计得知，大约 0.01% 的司机为醉驾。若警察随机拦下一个司机，让他（她）做呼气测试，仪器测试结果为醉驾。仅凭这一结果判断，这位司机为真醉驾的概率是多少？用贝叶斯定理即可对其进行计算，贝叶斯定理如图 1-17 所示。

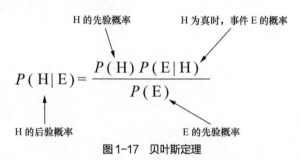

图 1-17 贝叶斯定理

假设，我们的样本中有 10 000 人，根据过往的统计数据，这 10 000 名司机中有 0.01% 的概率为真正醉驾，即有 1 名真正醉驾的司机，9 999 名正常。这 10 000 名司机均拿这个劣质呼气测试仪来测试，则有多少人会被判断为醉驾？

记事件 H 为司机真正醉驾，事件 E 为仪器显示司机醉驾。则我们的例子中要求解的问题即为 $P(H|E)$，即观察到仪器显示司机醉驾（事件 E 发生）时，司机真正醉驾（事件 H 发生）的概率是多少。$P(H)$ 表示司机真正醉驾的概率，这是先验概率，例子中的数值是 0.01%。$P(E|H)$ 表示当司机真正醉驾时（事件 H 发生），仪器显示司机醉驾（事件 E 发生）的概率是多少，从例子中的数据得知是 100%。$P(E)$ 表示仪器显示司机醉驾的概率，这里有两部分的数据，针对真正醉驾的司机（0.01%），仪器能 100% 检测出来，故这部分的数值是 0.01% × 100%。针对正常的司机（1−0.01%），仪器显示醉驾的概率为（1−0.01%）× 5%。代入贝叶斯定理，计算出结果如式（1-7）所示。

$$P(H|E) = \frac{0.01\% \times 100\%}{0.01\% \times 100\% + (1-0.01\%) \times 5\%} = 0.1996\% \qquad (1\text{-}7)$$

第 2 章

Python 基础

2.1 Python 介绍

1. 什么是 Python

Python 是一种开源的、解析性的，面向对象的编程语言；可读性强；支持类和多层继承等的面向对象编程技术；可运行在多种计算机操作系统中，如 Windows，MacOS，Linux 等。

2. 下载并安装 Python

Python 的最新源码、二进制文档、新闻资讯等都可以在 Python 的官网查看，可以在 Python 官网中下载 Python 文档（支持 HTML、PDF 和 PostScript 等格式）。

Python 已经被移植到许多操作系统上。我们需要下载安装相应的 Python 版本。

（1）在 Linux 操作系统上安装 Python

在 bash shell (Linux) 输入如下命令行。

```
export PATH= "$PATH:/usr/local/bin/python"
```

（2）在 MacOS 上安装 Python

最近的 MacOS 都自带 Python 环境，我们也可以通过 Python 官网下载最新版进行安装。

（3）在 Windows 操作系统上安装 Python

如果安装了 Anaconda IDE，Python 的安装步骤可以省略，因为 Anaconda IDE 自带 Python 环境。

2.2 第一个 Python 程序

在 Linux 操作系统上，命令行如下所示。

```
ubuntu@VM-0-16-ubuntu:~$ python3
Python 3.6.9(default, Nov 7 2019, 10:44:02)
[GCC 8.3.0] on linux
Type "help", "copyright", "credits" or "license" for more information
>>> print("hello world")
hello world
>>>
```

脚本程序，如下所示。

```
ubuntu@VM-01-16-ubuntu:~$ vi hello.py
ubuntu@VM-0-16-ubuntu:~$ python3 hello.py
hello world
```

备注：

vi hello.py 是 Linux 下编辑 hello.py 文件的命令；

在 Windows 系统下，需要使用记事本新建 hello.py 文件，编辑内容为 hello world。

2.3 安装 Anaconda

2.3.1 简介

开源的 Anaconda 个人版是世界上最受欢迎的 Python 发行平台,在全球拥有超过 2 000 万用户,是编写 Python 程序的首选平台。

云存储库:搜索基于云的存储库,可以查找并安装超过 7 500 个数据科学和机器学习包。使用 conda-install 命令,你可以开始使用 Conda、R、Python 等开源软件包。

管理环境:个人版是一种开放源代码,有灵活的解决方案,它提供应用程序以跨平台的方式构建、分发、安装、更新和管理软件。Conda 使管理多个数据环境变得容易,这些环境可以单独维护和运行,而不会互相干扰。

2.3.2 安装过程

第 1 步,打开 Anaconda 官网。

第 2 步,下载 Anaconda,如图 2-1 ~图 2-4 所示。

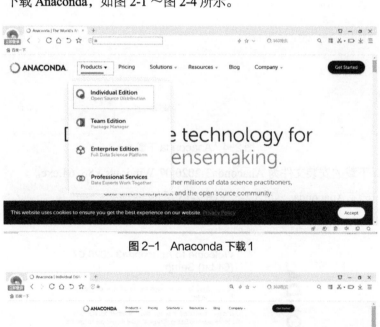

图 2-1　Anaconda 下载 1

图 2-2　Anaconda 下载 2

图 2-3　Anaconda 下载 3

图 2-4　Anaconda 下载 4

Anaconda 下载的安装文件为 Anaconda3-2020.07-Windows-x86_64.exe。

第 3 步，安装 Anaconda，如图 2-5 ～图 2-13 所示。

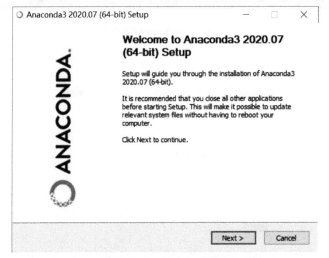

图 2-5　Anaconda 安装 1

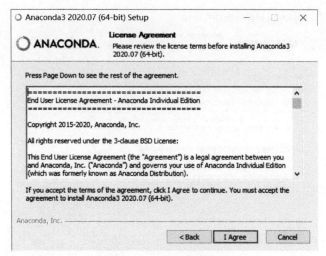

图 2-6 Anaconda 安装 2

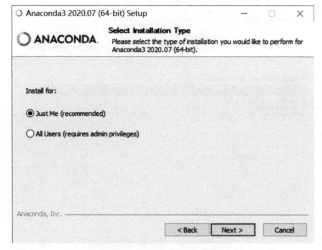

图 2-7 Anaconda 安装 3

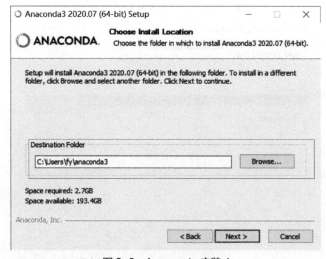

图 2-8 Anaconda 安装 4

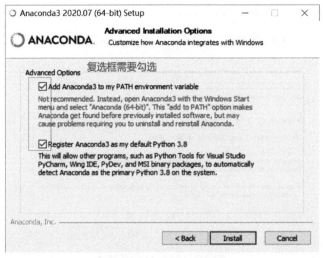

图 2-9　Anaconda 安装 5

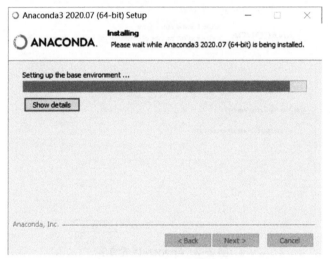

图 2-10　Anaconda 安装 6

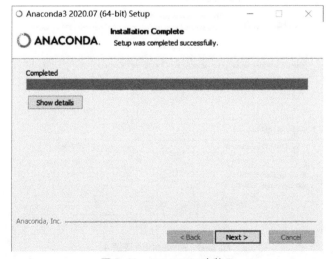

图 2-11　Anaconda 安装 7

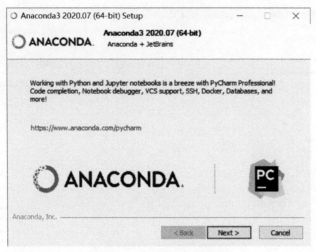

图 2-12　Anaconda 安装 8

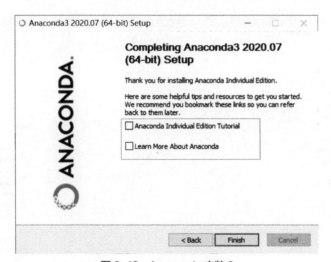

图 2-13　Anaconda 安装 9

第 4 步，使用 Anaconda，如图 2-14 ～图 2-17 所示。

图 2-14　Anaconda 使用 1

图 2-15　Anaconda 使用 2

图 2-16　Anaconda 使用 3

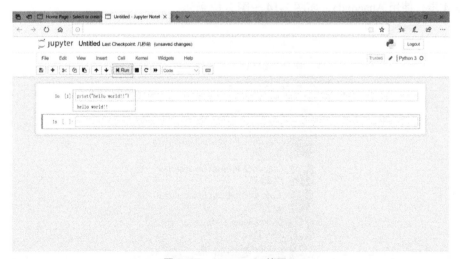

图 2-17　Anaconda 使用 4

2.4 Python 规范

2.4.1 Python 标识符

在 Python 中，标识符由字母、数字、下划线组成，但不能以数字开头。标识符是区分大小写的。

以下划线开头的标识符是有特殊意义的。以单下划线开头（_foo）的标识符代表不能直接访问的类属性，需通过类提供的接口进行访问，不能用"from xxx import *"导入。以双下划线开头（__foo）的标识符代表类的私有成员。以双下划线开头和结尾（__foo__）的标识符代表 Python 中特殊方法专用的标识，如 __init__() 代表类的构造函数。

2.4.2 Python 保留字符

表 2-1 显示了在 Python 中的保留字符。这些保留字符不能用作常量或变量，或任何其他标识符名称。所有 Python 的保留字符只包含小写字母。

表 2-1 保留字符

保留字符		
and	exec	not
assert	finally	or
break	for	pass
class	from	print
continue	global	raise
def	if	return
del	import	try
elif	in	while
else	is	with
except	lambda	yield

2.4.3 Python 行缩进

Python 与其他语言最大的区别就是 Python 的代码块不使用大括号（{}）而是采用缩进。缩进的空白数量是可变的，但是所有代码块语句必须包含相同的缩进量，一般为 2 个或 4 个空格。

2.4.4 Python 多行语句

Python 语句中一般以新行作为语句的结束符。但是我们可以使用斜杠（\）将一行的语句分为多行显示，如图 2-18 所示。

如果语句中包含 []、{} 或 ()，就不需要使用多行连接符（\），如图 2-19 所示。

```
total = item_one + \
        item_two + \
        item_three
```

图 2-18　多行语句 1

```
days = ['Monday', 'Tuesday', 'Wednesday',
        'Thursday', 'Friday']
```

图 2-19　多行语句 2

2.4.5　Python 注释

Python 中允许使用单引号 (')、双引号 (")、三个单引号 (''')、三个双引号 (" " ") 来表示字符串，引号的开始与结束必须是相同类型的。其中，三个单引号和三个双引号可以由多行组成，是编写多行文本的快捷语法，常用于文档字符串，在文档的特定位置，会被当作注释，如图 2-20 所示。

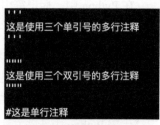

图 2-20　注释

2.5　Python 的数据类型

2.5.1　简单数据类型

1. 数字

数字用于存储数值。这是不可改变的数据类型，如果改变数字类型，将重新分配内存空间。

```
var1 = 1
var2 = 10
```

Python 支持 4 种不同的数字类型，如下所示。

（1）整型（int）：是正整数或负整数，没有小数点。

（2）长整型（long）：可以表示无限大的整数，长整型字面值的后面带有一个大写或小写的 L。

（3）浮点型（float）：浮点型由整数部分和小数部分组成，浮点型数字也可以使用科学记数法表示（$2.5e2 = 2.5 \times 10^2 = 250$）。

（4）复数：由实数部分和虚数部分构成，可以用 $a+bj$ 或者 complex(a, b) 表示，复数的实部 a 和虚部 b 都是浮点型。

2. 字符串

字符串（String）是由数字、字母和下划线组成的一串字符。它是编程语言中表示文本的数据类型。

Python 的字符串列表有 2 种取值顺序：从左到右索引默认从 0 开始，最大范围是字符串长度减 1；从右到左索引默认从 -1 开始，最大范围是字符串开头。

可以用变量 [头下标 : 尾下标] 来获取一段字符串，其中下标从 0 开始算起，可以为正也可以为负，当下标为空时表示直接取到头或尾。

实例 1 代码如下。

```
s = "ilovepython"
s[1:5]
```

代码输出结果。

```
'love'
```

实例 2 代码如下。

```
s1 = "python"
f1 = 5.1
print("i love %s %.2f %d" %(s1,f1,f1))
```

代码输出结果。

```
i love python 5.10 5
```

实例 3 代码如下。

```
s2 = s1+str(f1)
s2
```

代码输出结果。

```
'python5.1'
```

实例 4 代码如下。

```
print(50 * "#")
```

代码输出结果。

```
##################################################
```

实例 5 代码如下。

```
s2[6:-1]
```

代码输出结果。

```
'5.'
```

3. 格式化操作符

Python 格式化操作符，如表 2-2 所示。

表 2-2　格式化操作符

格式化字符	描述
％r	优先用 repr() 函数进行字符串转换
％s	优先用 str() 函数进行字符串转换
％d/％i	转换成有符号十进制数
％u	转换成无符号十进制数
％o	转换成无符号八进制数
％x/％X	转换成无符号十六进制数（x/X 代表转换后的大小写）
％e/％E	转换成科学记数法
％f/％F	转换成浮点数
％％	输出％

2.5.2　高级数据类型

1. List

List（列表）是 Python 中使用最频繁的数据类型。列表可以完成大多数集合类数据结构的实现。它支持字符、数字、字符串，甚至可以包含列表（所谓嵌套）。列表用"[]"标识。

列表中值的分割也可以使用 [头下标 : 尾下标] 表示，从左到右索引默认从 0 开始，从右到左索引默认从 -1 开始，下标为空表示直接取到头或尾。

加号（+）是列表连接运算符，星号（*）代表重复操作，代码示例如下。

```python
#!/usr/bin/python
# -*- coding: UTF-8 -*-
#list 列表基本用法
mylist = ['kk',786,2.23,'json',70.2]
print(mylist)#列表
#['kk', 786, 2.23, 'json', 70.2]
print(mylist[0])#列表第 1 个元素
#'kk'
print(mylist[1:3])#列表第 2、3 个元素
#[786, 2.23]
print(mylist[2:])#列表第 3 个元素后的所有元素
#[2.23, 'json', 70.2]
print(mylist[-1])#列表最后一个元素
#70.2
print(mylist[-1] *2)#列表最后一个元素的值 *2
#140.4
print(mylist *2) #列表元素 *2
#['kk', 786, 2.23, 'json', 70.2, 'kk', 786, 2.23, 'json', 70.2]
tinlist = [123, 'fy']
print(mylist + tinlist)#2 个列表合并为一个
#['kk', 786, 2.23, 'json', 70.2, 123, 'fy']
mylist = ['kk',786,2.23,'json',70.2]
mylist.append('fy') #尾部添加
```

```
#['kk', 786, 2.23, 'json', 70.2, 'fy']
mylist[1] = 0.0 #修改
#['kk', 0.0, 2.23, 'json', 70.2, 'fy']
del mylist[1] #删除
#['kk', 2.23, 'json', 70.2, 'fy']
mylist.insert(1, 'insert') #插入
#['kk', 'insert', 2.23, 'json', 70.2, 'fy']
mylist = ['kk', 786, 2.23, 'json', 70.2]
# 遍历数据 #
for i in mylist:
    print(i)
# kk
# 786
# 2.23
# json
# 70.2
```

2. Tuple

Tuple（元组）是另一种数据类型，类似于列表。元组用"()"标识。内部元素用逗号隔开，元组不能二次赋值，相当于只读列表。代码示例如下。

```
#!/usr/bin/python
# -*- coding: UTF-8 -*-
#Tuple 元组基本用法
mytuple = ('kk',786,2.23, 'json',70.2)
print(mytuple)#元组
#['kk', 786, 2.23, 'json', 70.2]
print(mytuple[0])#元组第1个元素
#'kk'
print(mytuple[1:3])#元组第2、3个元素
#[786, 2.23]
print(mytuple[2:])#元组第3个元素后的所有元素
#[2.23, 'json', 70.2]
print(mytuple[-1])#元组最后一个元素
#70.2
print(mytuple[-1] *2)#元组最后一个元素的值 *2
#140.4
print(mytuple *2) #元组元素 *2
#['kk', 786, 2.23, 'json', 70.2, 'kk', 786, 2.23, 'json', 70.2]
mytuple = ('kk',786,2.23, 'json',70.2)
#遍历数据 #
for i in mytuple:
    print(i)
# kk
# 786
# 2.23
# json
# 70.2
```

3. Dictionary

Dictionary（字典）是 Python 中除列表以外最灵活的内置数据结构类型。字典和列表

之间的区别在于：列表是有序的对象集合，字典是无序的对象集合；字典当中的元素是通过键来存取的。

字典用"{}"标识。字典由索引（key）和它对应的值（value）组成。代码示例如下。

```
#!/usr/bin/python
# -*- coding: UTF-8 -*-
#dictionary 字典基本用法
mydict = {}
mydict['one'] = "This is one"
mydict[2] = "This is two"
tinydict = {'name':'john','code':50070,'dept':'sales'}
print(mydict['one'])# 输出键为 'one' 的值
# This is one
print(mydict[2])# 输出键为 2 的值
#This is two
print(tinydict)# 输出完整的字典
#{'name': 'john', 'code': 50070, 'dept': 'sales'}
print(tinydict.keys())# 输出所有键
#dict_keys(['name', 'code', 'dept'])
print(tinydict.values())# 输出所有值
# dict_values(['john', 50070, 'sales'])
# 遍历数据 #
for key,value in tinydict.items():
        print(key,value)
# 输出结果
# name john
# code 50070
# dept sales
```

2.5.3　数据类型的转换

有时候，我们需要对数据内置的类型进行转换，在 Python 中，数据类型的转换，只需要将数据类型作为函数名即可。数据类型转换函数如表 2-3 所示，这些函数返回一个新的对象，表示转换后的值。

表 2-3　数据类型转换函数

函数	描述
int(x[, base])	将 x 转换为整型
long(x[,base])	将 x 转换为长整型
float(x)	将 x 转换为浮点型
complex(real[, imag])	创建一个复数
str(x)	将对象 x 转换为字符串
repr(x)	将对象 x 转换为表达式字符串
eval(str)	用来计算在字符串中的有效 Python 表达式，并返回一个对象
tuple(s)	将序列 s 转换为一个元组

函数	描述
list(s)	将序列 s 转换为一个列表
set(s)	转换为可变集合
dict(d)	创建一个字典。d 必须是一个序列（key，value）元组
forzenset(s)	转换为不可变集合
chr(x)	将一个整数转换为一个字符
unichr(x)	将一个整数转换为 Unicode 字符
ord(x)	将一个字符转换为它的整数值
hex(x)	将一个整数转换为一个十六进制字符串
oct(x)	将一个整数转换为一个八进制字符串

实例 1　填空。

（1）已知元组 mytup=(1,2,3,4,5,6,7,8,9,10)。

① mytup[:3]= (1,2,3)。

② mytup[1:3]=(2,3)。

③ mytup[−1]= 10。

④ max(mytup)= 10。

⑤ len(mytup)= 10 。

（2）产生一个 1 ～ 26 的数字列表 A，A= range(1,27)。

（3）产生一个 "A" ～ "Z" 的字母列表 B，B=[chr(i) for i in range(65,91)]。

实例 2　代码如下。

```
# 使用字典来创建程序，提示用户输入电话号码，并用英文单词形式显示数字。
# 例如：输入 138 显示为 "one three eight"
a="138"
b={1:"one",2:"two",3:"three",4:"four",5:"five",6:"six",7:"seven",
8:"eight",9:"nine",10:"ten",0:"zero"}
for i in a:
    print(b[int(i)])
```

2.6　Python 语句

2.6.1　if 条件语句

if 条件语句是通过一条或多条语句的执行结果（true 或者 false）来决定执行哪一段代码块的，if 条件语句执行过程如图 2-21 所示。

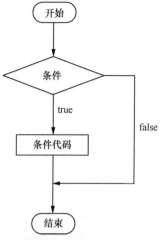

图 2-21　if 条件语句执行过程

Python 程序语言指定任何非 0 和非空值为 true，0 或空值（null）为 false。

if 条件语句的基本形式如下。

```
if 判断条件：
    执行语句……
else：
    执行语句……
```

实例 1　代码如下。

```
#!/usr/bin/python
# -*- coding: UTF-8 -*-
#if 基本用法
flag = false
name = 'ifpython'
if name == 'python': #判断变量是否为 'python'
flag = true #条件成立时设置标识为真
print("welcome boss") #输出欢迎信息
else:
print(name) #条件不成立时输出变量名称
```

程序运行结果输出，如图 2-22 所示。

```
ubuntu@VM-0-16-ubuntu:~/my_book$ ls
if.py
ubuntu@VM-0-16-ubuntu:~/my_book$ python3 if.py
ifpython
```

图 2-22　实例 1 输出结果

实例 2　代码如下。

```
#if 判断，成绩 60 分以上（包括 60 分）为及格，否则为不及格。
s = 69
if s>=60:
    print(" 及格 ")
else:
    print(" 不及格 ")
```

实例 3 代码如下。

```
#if 判断, 90～100 为 A, 80～89 为 B, 70～79 为 C, 60～69 为 D, 小于 60 为 E
s = 59
if s>=90:
    print("A")
elif s>=80:
    print("B")
elif s>=70:
    print("C")
elif s>=60:
    print("D")
else:
    print("E")
```

2.6.2 循环语句

Python 程序在一般情况下是按顺序执行的。但 Python 中提供了各种控制结构，允许更复杂的执行路径。循环语句允许我们执行一个语句或语句组多次，其执行过程如图 2-23 所示。大多数编程语言中循环语句和控制语句的一般形式，如表 2-4 和表 2-5 所示。

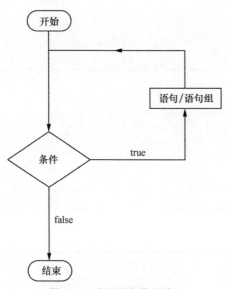

图 2-23 循环语句执行过程

表 2-4 循环语句

循环类型	描述
while 循环	在给定的判断条件为 true 时执行循环体中的语句，否则退出循环体
for 循环	重复执行循环体中的语句
嵌套循环	可以在一种循环体中嵌套另一种循环

表2-5　控制语句

控制语句	描述
break 语句	在执行循环体过程中终止循环, 并且跳出整个循环
continue 语句	在执行循环体过程中终止当前循环, 跳出该次循环, 执行下一次循环
pass 语句	pass 是空语句, 是为了保持程序结构的完整性

Python 提供了 for 循环和 while 循环 (在 Python 中没有 do while 循环)。

实例 1　代码如下。

```
# 循环, 1+2+3+4+5+…+10==55
sum = 0
for i in range(11):
    sum = sum + i
print(sum)
```

实例 2　代码如下。

```
# 循环, 1+2+3+4+5+…+10==55
sum = 0
i = 10
while i>0:
    sum = sum + i
    i = i-1
print(sum)
```

实例 3　代码如下。

```
# 循环, 1+3+5+7+9==?
sum = 0
for i in range(11):
    if i % 2 ==1:
        sum = sum + i
print(sum)
```

实例 4　代码如下。

```
# 循环, 1+3+7+9==?
sum = 0
for i in range(11):
    if i==5:
        continue
    if i % 2 ==1:
        sum = sum + i
print(sum)
```

实例 5　代码如下。

```
# 循环, 1+3+7==?
sum = 0
for i in range(11):
    if i==5:
```

```
        continue
    if i % 2 ==1:
        sum = sum + i
    if i == 7:
        break
print(sum)
```

实例 6 代码如下。

```
# 循环，九九乘法表
for i in range(1,10):
    for j in range(1,i+1):
        print(str(j)+"*"+str(i)+"="+str(j*i)+"\t",end='')
print('\n')
```

代码输出结果，如图 2-24 所示。

```
1*1=1

1*2=2    2*2=4

1*3=3    2*3=6    3*3=9

1*4=4    2*4=8    3*4=12   4*4=16

1*5=5    2*5=10   3*5=15   4*5=20   5*5=25

1*6=6    2*6=12   3*6=18   4*6=24   5*6=30   6*6=36

1*7=7    2*7=14   3*7=21   4*7=28   5*7=35   6*7=42   7*7=49

1*8=8    2*8=16   3*8=24   4*8=32   5*8=40   6*8=48   7*8=56   8*8=64

1*9=9    2*9=18   3*9=27   4*9=36   5*9=45   6*9=54   7*9=63   8*9=72   9*9=81
```

图 2-24 输出九九乘法表

实例 7 代码如下。

```
# 循环，九九乘法表（一句话）
print('\n'.join([' '.join(['%s*%s=%-2s' % (y,x,x*y) for y in
range(1,x+1)]) for x in range(1,10)]))
```

2.7 Python 函数

函数是组织好的、可重复使用的，用来实现单一或相关联功能的代码段。函数能提高应用的模块性和代码的利用率。Python 提供了许多内建函数，比如 print() 函数，也可以自定义函数。

2.7.1 定义一个函数

定义一个函数要以 def 关键字开头，后接函数标识符名称和圆括号"()"。任何传入的参数和自变量必须放在圆括号中间。函数的第一行语句可以选择性地使用文档字符串来存放函数说明。函数内容以冒号起始，并且缩进。

使用 return[表达式] 来结束函数, 可以选择性地返回一个值给调用方。不带表达式的 return 语句相当于返回 None。语法如下。

```
def functionname( parameters ):
    " 函数 _ 文档字符串 "
    function_suite
    return [expression]
```

默认情况下, 参数值和参数名称与函数声明中定义的顺序是匹配的。

实例　以下是一个简单的 Python 函数, 它将一个字符串作为传入参数, 再打印到标准显示设备上。代码如下。

```
def printme( str ):
    " 打印传入的字符串到标准显示设备上 "
    print(str)
    return
```

2.7.2　函数调用

定义函数只是给了函数一个名称, 指定了函数中包含的参数和代码块结构。在这个函数的基本结构完成以后, 可以通过另一个函数调用执行这个函数, 也可以直接从 Python 提示符中执行。调用 printme() 函数代码如下。

```
# 调用 printme() 函数
#!/usr/bin/python
# -*- coding: UTF-8 -*-
# 定义函数
def printme( str ):
    " 打印任何传入的字符串 "
    print(str)
    return
# 调用函数
printme(" 我要调用用户自定义函数 !")
printme(" 再次调用同一函数 ")
```

代码输出结果。

```
我要调用用户自定义函数 !
再次调用同一函数
```

2.7.3　按值传递参数和按引用传递参数

所有参数（自变量）在 Python 中都是按引用传递的。如果在函数中修改了参数, 那么在调用这个函数的函数中, 原始的参数也被改变了。其实例如下所示。

```
#!/usr/bin/python
# -*- coding: UTF-8 -*-
# 可写函数说明
def changeme( mylist ):
```

```
    "修改传入的列表"
    mylist.append([1,2,3,4]);
    print ("函数内取值: ", mylist)
    return
# 调用 changeme 函数
mylist = [10,20,30];
changeme( mylist );
print ("函数外取值: ", mylist)
```

传入函数的和在末尾添加新内容的对象用的是同一个引用。故输出结果如下所示。

```
函数内取值:  [10, 20, 30, [1, 2, 3, 4]]
函数外取值:  [10, 20, 30, [1, 2, 3, 4]]
```

2.7.4 实例

实例 1 代码如下。

```
# 编写函数 prime(n), 对于已知正整数 n, 判断该数是否为素数, 如果是素数, 返回 True, 否则返回 False。
def prime(n):
    if n<2:
        return False
    if n==2:
        return True
    for i in range(2,n):
        if n%i==0:
            return False
        return True
def main():
    n=int(input("Enter a number:"))
    print(prime(n))
main()
```

实例 2 代码如下。

```
# 使用字典来创建程序, 提示用户输入电话号码, 并用英文词形式显示数字。
# 例如: 输入 138 显示为 "one three eight"
#zip 函数以可迭代的对象作为输入参数, 将对象中对应的元素打包成元组输出新的对象
def getdict(phone):
    A=[i for i in range(0,10)]
    B=["ero","one","two","three","four","five","six","seven",
"eight","nine"]
    mydict=dict(zip(A,B))
    for i in phone:
        print (mydict[int(i)])
def main():
    phone=input("Please enter a series phone number:")
    getdict(phone)
main()
```

2.8 Python 中的模块和包

2.8.1 Python 中的模块

模块能够有逻辑地组织 Python 代码段，让我们的代码变得更好用、更易懂。模块也是 Python 对象，具有随机的名字属性用来绑定或引用。模块能定义函数、类和变量，模块中也能包含可执行的代码。

1. import 语句

想使用 Python 源文件，只需在另一个源文件中执行 import 语句，语法如下。

```
import module1[, module2[,... moduleN]。
```

当解释器遇到 import 语句时，在当前的搜索路径的模块就会被导入。搜索路径是一个解释器会先进行搜索的所有目录的列表。

例如，利用下面的代码，导入第三方数据分析库 pandas。

```
>>> import pandas as pd
>>> pd.Series([1,2,3,4,5])
0    1
1    2
2    3
3    4
4    5
dtype: int64
```

2. from…import 语句

Python 的 from…import 语句可以从模块中导入一个指定的部分到当前的命名空间中。语法如下。

```
from modname import name1[, name2[, ... nameN]]
```

例如，导入 sklearn 模块的 LabelEncoder 函数，语句如下。

```
from sklearn.preprocessing import LabelEncoder
```

这个声明不会把整个 sklearn 模块导入到当前的命名空间中，它只会将 sklearn 中的 LabelEncoder 函数引入。

```
>>> from sklearn.preprocessing import LabelEncoder
>>> le = LabelEncoder()
>>> label = ['7C26FADD409BD4B9','56AFA2A526F96CC9','UNKNOW']
>>> num_label = le.fit_transform(label)
>>> num_label
array([1, 0, 2])
>>> le.inverse_transform(num_label)
array(['7C26FADD409BD4B9', '56AFA2A526F96CC9', 'UNKNOW'], dtype='<U16')
```

3. from…import * 语句

把一个模块的所有内容全都导入到当前的命名空间也是可以的，只需使用以下声明。

```
from modname import *
```

这提供了一个简单的方法来导入一个模块中的所有项目。但这种声明不该被过多地使用。

```
>>> from sklearn.preprocessing import *
>>> le = LabelEncoder()
>>> label = ['7C26FADD409BD4B9','56AFA2A526F96CC9','UNKNOW']
>>> le.fit_transform(label)
array([1, 0, 2])
```

2.8.2 Python 中的包

包是一个分层次的文件目录结构，它定义了一个由模块、子包和子包下的子包等组成的 Python 的应用环境。如何判断我们看到的目录是否为 Python 的包呢？其实很简单，我们只要看这个名录下是否有"__init__.py"这个文件就好了，如果有这个文件，那么这就是 Python 的包，如果没有，这就是个普通的目录，如图 2-25 所示。

图 2-25　包目录

Python 中的包有三个作用。

（1）提供了类似于操作系统树状文件夹的组织形式，能分门别类地存储和管理类，便于查找和使用类。

（2）解决了同名类的命名冲突问题。

（3）允许在更广的范围内保护类、属性和方法。

2.9 Python 时间模块

在 Python 中，datetime 类提供了许多函数来处理日期、时间和时间间隔。datetime 类是 Python 中的对象，因此在操作 datetime 类时，实际上是在操作对象，而不是字符串或时间戳。当我们操作日期或时间时，都需要导入 datetime 类。

Python 中的 datetime 类分为 5 个主要类。

（1）date：调整日期（年，月，日）。

（2）time：调整与日期无关的时间（小时，分钟，秒，微秒）。

（3）datetime：调整日期和时间（年，月，日，小时，分钟，秒，微秒）。

（4）timedelta：用于调整日期的时间长度。

（5）tzinfo：处理时区的抽象类。

2.9.1　如何使用 datetime 类

步骤 1：在运行日期时间代码之前，请务必导入日期时间模块，如图 2-26 所示，这一点很重要。

步骤 2：接下来，我们创建 date 对象的实例，如图 2-27 所示。

```
1  from datetime import date
2  from datetime import time
3  from datetime import datetime
```

图 2-26　导入日期时间模块

```
1  from datetime import date
2  from datetime import time
3  from datetime import datetime
4  def main():
5      today = date.today()
```

图 2-27　创建 date 对象的实例

步骤 3：最后，打印日期代码，代码及输出结果如图 2-28 所示。

```
1  from datetime import date
2  from datetime import time
3  from datetime import datetime
4  def main():
5      today = date.today()
6      print("Today's date is ",today)
7
8  if __name__ == "__main__":
9      main()
```

结果：Today's date is 2020-02-16

图 2-28　打印日期代码及输出结果

date.today() 用来打印日期，我们可以单独打印日 / 月 / 年以及其他内容。

单独打印日 / 月 / 年代码及输出结果如图 2-29 所示。

```
1  today = date.today()
2  print("Date Components:",today.day,today.month,today.year)
```

结果：Date Components: 16 2 2020

图 2-29　单独打印日 / 月 / 年

today.weekday() 可以提供工作日数。这是工作日表，星期一至星期日对应的数字，依次是 0、1、2、3、4、5、6，如图 2-30 所示。

Day	WeekDay Number
Monday	0
Tuesday	1
Wednesday	2
Thursday	3
Friday	4
Saturday	5
Sunday	6

图 2-30　工作日表

打印工作日数代码及输出结果如图 2-31 所示。

```
1    print("Today's Weekday#:",today.weekday())
```

Today's Weekday#: 6

图 2-31　打印工作日数代码及输出结果

2.9.2　获取当前日期和时间

实例 1　在 Python 中使用日期时间对象。today() 函数以年、月、日、小时、分钟、秒和毫秒为单位给出日期以及时间，如图 2-32 所示。

```
1    def main():
2        today = datetime.today()
3        print("The current date and time is",today)
4
5    if __name__ == "__main__":
6        main()
```

结果：The current date and time is 2020-02-16 21:21:14.600117

图 2-32　以年、月、日、小时、分钟、秒、毫秒为单位给出日期和时间

实例 2　单独调用时间。now() 函数只打印当前时间而不显示日期。使用 datetime.now() 获取当前的时间，如图 2-33 所示。

```
1    t = datetime.time(datetime.now())
2    print("The current time is",t)
```

结果：The current time is 21:25:23.773985

图 2-33　使用 datetime.now() 获取当前的时间

实例 3　索引工作日的列表，以了解今天是哪一天。根据当前工作日的不同，为工作日操作员（wd）分配了（0～6）共 7 个数字。在这里，我们声明了数组列表（星期一，星期二，星期三…星期日）。

使用索引值可以知道今天是哪一天。在例子中，索引值为 #6，代表星期日，因此，结果将输出"which is a 星期日"，如图 2-34 所示。

```
1    def main():
2        today = datetime.today()
3        print("The current date and time is",today)
4        wd = date.weekday(today)
5        days = ["星期一","星期二","星期三","星期四","星期五","星期六","星期日"]
6        print("Today is day number %d" %wd)
7        print("which is a " + days[wd])
8    if __name__ == "__main__":
9        main()
```

结果：The current date and time is 2020-02-16 21:32:16.099032
　　　Today is day number 6
　　　which is a 星期日

图 2-34　通过索引值 #6 得到星期日

获取当前日期和时间的完整代码，如图 2-35 所示。

```
1  from datetime import date
2  from datetime import time
3  from datetime import datetime
4  def main():
5      ##DATETIME OBJECTS
6      #Get today's date from datetime class
7      today=datetime.now()
8      #print(today)
9      # Get the current time
10     #t = datetime.time(datetime.now())
11     #print("The current time is", t)
12     #weekday returns 0 (monday) through 6 (sunday)
13     wd=date.weekday(today)
14     #Days start at 0 for monday
15     days= ["星期一","星期二","星期三","星期四","星期五","星期六","星期日"]
16     print("Today is day number %d" % wd)
17     print("which is a " + days[wd])
18
19 if __name__ == "__main__":
20     main()
```

结果: Today is day number 6
　　　which is a 星期日

图2-35　当前日期和时间的完整代码

2.9.3　格式化日期和时间

到目前为止，我们已经了解了如何在 Python 中使用 datetime 对象。我们将进一步学习如何格式化日期和时间。

实例1　通过一个简单的例子理解如何格式化年份。

我们使用 strtime() 函数进行日期和时间格式化。此函数使用不同的控制代码来提供输出。控制代码类似于参数，例如年、月、日 [（％y/％Y-年），（％b/％B-月），（％d-日）]。

在我们的例子中，使用（"％Y"）可以打印出完整年份（例如，2020），如图 2-36 所示。

```
1  from datetime import datetime
2  def main():
3      now = datetime.now()
4      print(now.strftime("%Y"))
5
6  if __name__ == "__main__":
7      main()
```

结果: 2020

图2-36　格式化年份

实例2　如果将（"％Y"）改为（"％y"）并执行代码，则输出结果仅显示（20），而不显示（2020），如图 2-37 所示。

实例3　strftime() 函数可以分别声明星期、日、月和年，如图 2-38 所示。

```
1  from datetime import datetime
2  def main():
3      now = datetime.now()
4      print(now.strftime("%y"))
5
6  if __name__ == "__main__":
7      main()
```

结果: 20

图2-37　将（"％Y"）改为（"％y"）并输出

```
1  from datetime import datetime
2  def main():
3      now = datetime.now()
4      print(now.strftime("%A,%d %B,%Y"))
5
6  if __name__ == "__main__":
7      main()
```

结果：Sunday,16 February,2020

图 2-38　声明星期、日、月和年

在 strftime() 函数的内部，如果将（"％ A"）改为（"％ a"），则输出结果为 "Sun"
（星期日的缩写），而不是 "Sunday"，如图 2-39 所示。

```
1  from datetime import datetime
2  def main():
3      now = datetime.now()
4      print(now.strftime("%a,%d %B,%Y"))
5
6  if __name__ == "__main__":
7      main()
```

结果：Sun,16 February,2020

图 2-39　将（"％ A"）改为（"％ a"）并输出

实例 4　借助 strftime() 函数的功能，我们还可以检索本地系统时间和日期，如图2-40所示。
％ C 表示本地日期和时间，％ x 表示本地日期，％ X 表示本地时间。

```
1  from datetime import datetime
2  def main():
3      now = datetime.now()
4      print(now.strftime("%c"))
5      print(now.strftime("%x"))
6      print(now.strftime("%X"))
7  if __name__ == "__main__":
8      main()
```

结果：Sun Feb 16 22:02:19 2020
　　　02/16/20
　　　22:02:19

图 2-40　检索本地系统时间和日期

实例 5　strftime() 函数支持 24 小时制和 12 小时制，调用并打印不同制式的时间如
图 2-41 所示。

```
1  from datetime import datetime
2  def main():
3      now = datetime.now()
4      print(now.strftime("%I:%M:%S %p")) #12小时
5      print(now.strftime("%H:%M")) #24小时
6  if __name__ == "__main__":
7      main()
```

结果：10:06:28 PM
　　　22:06

图 2-41　调用 24 小时制和 12 小时制时间并输出

只需改变代码（例如％ I／％ H 分别表示 12 小时制和 24 小时制中的小时，％ M 表示分钟，％ S 表示秒），就可以调用不同制式的时间：

（1）输出 12 小时制的时间 [print now.strftime（"％ I：％ M：％ S％ p)];

（2）输出 24 小时制的时间 [print now.strftime（"％ H：％ M"）]。

将 datetime 转换为字符串对象的完整代码及输出结果如图 2-42 所示。

```
1  from datetime import datetime
2  def main():
3      #Times and dates can be formatted using a set of predefined string
4      #Control codes
5      now= datetime.now() #get the current date and time
6      #%c - local date and time, %x-local's date, %X- local's time
7      print(now.strftime("%c"))
8      print(now.strftime("%x"))
9      print(now.strftime("%X"))
10     ##### Time Formatting ####
11     #%I/%H - 12/24 Hour, %M - minute, %S - second, %p - local's AM/PM
12     print(now.strftime("%I:%M:%S %p")) # 12-Hour:Hinute:Second:AM
13     print(now.strftime("%H:%M")) # 24-Hour:Minute
14
15 if __name__ == "__main__":
16     main()
```

结果：Sun Feb 16 22:09:11 2020
02/16/20
22:09:11
10:09:11 PM
22:09

图 2-42　将 datetime 转换为字符串对象的完整代码及输出结果

实例 6　strftime() 函数自定义格式输出，如图 2-43 所示。

```
1  from datetime import datetime
2  def main():
3      now= datetime.now() #get the current date and time
4      print(now.strftime("%Y-%m-%d %H:%M:%S"))
5  if __name__ == "__main__":
6      main()
7
```

结果：2020-02-16 22:15:57

图 2-43　自定义格式输出

strftime() 函数的参数列表如下。

（1）％ y 两位数的年份表示（00 ～ 99）。

（2）％ Y 四位数的年份表示（0000 ～ 9999）。

（3）％ m 月份（01 ～ 12）。

（4）％ d 日（01 ～ 31）。

（5）％ H 24 小时制小时数（00 ～ 23）。

（6）％ I 12 小时制小时数（01 ～ 12）。

（7）％ M 分钟数（00 ～ 59）。

（8）％ S 秒（00 ～ 59）。

（9）％ a 本地简化星期名称。

（10）％A 本地完整星期名称。

（11）％b 本地简化月份名称。

（12）％B 本地完整月份名称。

（13）％c 本地相应的日期表示和时间表示。

（14）％j 年内的一天（001～366）。

（15）％p 本地 AM 或 PM 的等价符。

（16）％U 一年中的星期数（00～53），星期日为星期的开始。

（17）％w 星期（0～6），星期日为星期的开始。

（18）％W 一年中的星期数（00～53），星期一为星期的开始。

（19）％x 本地相应的日期表示。

（20）％X 本地相应的时间表示。

（21）％Z 当前时区的名称。

2.9.4 将字符串转换成 datetime 对象

将字符串转换成 datetime 对象的实例如图 2-44 所示。

```
1  from datetime import datetime
2  value = '2017/10/7'
3  datetime.strptime(value, '%Y/%m/%d')
```

datetime.datetime(2017, 10, 7, 0, 0)

图 2-44　将字符串转换成 datetime 对象的实例

2.9.5 timedelta 对象

使用 timedelta 对象可以计算未来和过去的时间。请记住，此功能不是用于打印时间或日期，而是用于计算未来或过去的时间。让我们看一个例子，以便更好地理解 timedelta 对象。

步骤 1：要使用 timedelta 对象，需要先导入 timedelta 模块，然后执行代码，如图 2-45 所示。

```
1  from datetime import timedelta
2  print(timedelta(days=365,hours=8,minutes=15)) #构造一个基本的timedelta并打印
```

结果：365 days, 8:15:00

图 2-45　使用 timedelta 对象

步骤 2：获取今天的日期和时间，以检查导入语句是否运行良好，如图 2-46 所示。

```
1  from datetime import timedelta
2
3  print(timedelta(days=365,hours=8,minutes=15)) #构造一个基本的timedelta并打印
4  print("today is: " + str(datetime.now()))
```

结果：365 days, 8:15:00
today is: 2020-02-16 22:31:08.744202

图 2-46　测试导入语句

步骤 3：通过增量对象检索一年之后的日期。当我们运行代码时，它将给出预期的输出，如图 2-47 所示。

```
1  from datetime import timedelta
2
3  print(timedelta(days=365,hours=8,minutes=15))#构造一个基本的timedelta并打印
4  print("today is: " + str(datetime.now()))
5  print("one year from now it will be: "+str(datetime.now()+timedelta(days=365)))
```
结果: 365 days, 8:15:00
today is: 2020-02-16 22:34:14.794856
one year from now it will be: 2021-02-15 22:34:14.794979

图 2-47　检索一年之后的时间

实例 1　使用时间增量从当前日期和时间计算未来日期，如图 2-48 所示。

```
1  from datetime import timedelta
2
3  print(timedelta(days=365,hours=8,minutes=15)) #构造一个基本的timedelta并打印
4  print("today is: " + str(datetime.now()))
5  print("one year from now it will be: "+str(datetime.now()+timedelta(days=365)))
6  print("in one week and 4 days it will be "+ str(datetime.now()+timedelta(weeks=1,days=4)))
```
结果: 365 days, 8:15:00
today is: 2020-02-16 22:40:04.560556
one year from now it will be: 2021-02-15 22:40:04.560704
in one week and 4 days it will be 2020-02-27 22:40:04.560853

图 2-48　计算未来日期

实例 2　计算元旦已经过去多少天，如图 2-49 所示。

```
1  from datetime import date
2  today = date.today() # get todays date
3  nyd = date(today.year,1,1) # get New Year Day for the same year
4  #use date comparison to see if New Year Day has already gone fro this year
5  if nyd < today:
6      print("New Year day is already went by %d days ago" %((today-nyd).days))
```
结果: New Year day is already went by 46 days ago

图 2-49　计算元旦已经过去多少天

其实，today = date.today() 将获得今天的日期；我们知道元旦总是 1 月 1 日，但是年份可能会有所不同，nyd = date(today.year, 1,1)，可以将当前年份存储在变量 nyd 中；(today-nyd).days 给出当前日期和元旦之间的差值。

2.10　Python 文件操作

Python 提供了用于创建、写入和读取文件的内置函数，不需要导入外部库来读取和写入文件。

2.10.1　创建文本文件

通过代码创建文本文件（ylpf100.txt），演示相关操作。

步骤 1：声明变量 f 用来打开一个名为 ylpf100.txt 的文件。代码如下。

```
f= open("ylpf100.txt","w+")
```

open() 函数有 2 个参数，一个是我们要打开的文件，另一个代表该文件的权限。

在这里，我们在参数中使用了"w"，该字母表示可写，如果库中不存在该文件，则会创建一个文件。

"+"表示可读可写。"w"处可用选项有"r"和"a"。其中，"r"表示可读，"a"表示附加。

步骤2：我们有一个 for 循环，其范围为 10 个数字。使用可写功能将数据输入文件中。代码如下。

```
for i in range(10):
    f.write("This is line %d\r\n" % (i+1))
```

我们输入要写入的行号，然后将其放入回车符和换行符中。因此，我们使用 write() 函数，并使用 % d（整数）进行声明。

步骤3：f.close() 关闭 ylpf100.txt 文件。

完整代码如下所示。

```
def main():
    f = open("ylpf100.txt","w+")
    for i in range(10):
        f.write("This is line %d\r\n" %(i+1))
    f.close()
if __name__ == "__main__":
    main()
```

代码输出结果。

```
This is line 1
This is line 2
This is line 3
This is line 4
This is line 5
This is line 6
This is line 7
This is line 8
This is line 9
This is line 10
```

2.10.2 将数据追加到文件

将新文本追加到现有文件或新文件中。

步骤1：打开文件，代码如下。

```
f = open ("ylpf100.txt", "a+")
```

代码中有"+"，表明如果文件不存在，将创建一个新文件。但是在我们的例子中，文件已经存在，因此，不需要创建新文件。

步骤2：以追加模式将数据写入文件。

```
for i in range(2):
    f.write("Appended line %d\r\n" % (i+1))
```

可以在"ylpf100.txt"文件中看到输出,文件中附加了新数据。

完整代码如下所示。

```python
def main():
    f = open("ylpf100.txt","a+")
    for i in range(2):
        f.write("Appended line %d\r\n" %(i+1))
    f.close()
if __name__ == "__main__":
    main()
```

代码输出结果。

```
This is line 1
This is line 2
This is line 3
This is line 4
This is line 5
This is line 6
This is line 7
This is line 8
This is line 9
This is line 10
Appended line 1
Appended line 2
```

2.10.3　读取文件

Python 可以创建 .txt 文件,还可以在读取模式(r)中调用 .txt 文件。

步骤 1: 在读取模式下打开文件。代码如下。

```python
f = open ("ylpf100.txt", "r")
```

步骤 2: 使用 mode() 函数来检查文件是否处于打开模式。如果是,则程序继续执行。代码如下。

```python
if f.mode =="r":
```

步骤 3: f.read() 读取文件数据并将其存储在可变内容中。代码如下。

```python
contents= f.read()
```

完整代码如下所示。

```python
def main():
    f = open("ylpf100.txt","r")
    if f.mode == "r":
        contents = f.read()
        print(contents)
    f.close()
if __name__ == "__main__":
    main()
```

代码输出结果。

```
This is line 1
This is line 2
This is line 3
This is line 4
This is line 5
This is line 6
This is line 7
This is line 8
This is line 9
This is line 10
Appended line 1
Appended line 2
```

2.10.4 逐行读取文件

如果数据太大而无法直接读取文件，则可以逐行读取 .txt 文件。当运行代码（f1 = f.readlines()）逐行读取文件或文档时，它将分隔每一行并以可读格式显示文件。如果存在无法读取的复杂数据文件，那么逐行读取文件会很有用。

完整代码如下所示。

```python
def main():
    f = open("ylpf100.txt","r")
    f1 = f.readlines()
    for x in f1:
        print(x)
    f.close()
if __name__ == "__main__":
    main()
```

代码输出结果。

```
This is line 1
This is line 2
This is line 3
This is line 4
This is line 5
This is line 6
This is line 7
This is line 8
This is line 9
This is line 10
Appended line 1
Appended line 2
```

2.10.5 Python 中的文件模式

（1）"r" 以只读方式打开文件（默认）；

（2）"w" 以写入的方式打开文件，会覆盖已存在的文件；

（3）"x"如果文件已经存在，使用此模式打开文件将引发异常；

（4）"a"以写入模式打开文件，如果文件存在，则在文件末尾追加写入；

（5）"b"以二进制模式打开文件；

（6）"t"以文本模式打开文件（默认）；

（7）"+"可读写模式（可添加到其他模式中使用）；

（8）"U"通用换行符支持。

2.10.6 Python 中的文件对象方法

（1）f.close()，关闭文件；

（2）f.read([size=−1])，从文件读取 size 个字符，当未给定 size 或给定负值时，读取剩余的所有字符，然后将其作为字符串返回；

（3）f.readline([size=−1])，从文件中读取并返回一行（包括行结束符），如果给定 size，则返回 size 个字符；

（4）f.write(str)，将字符串 str 写入文件；

（5）f.writelines(seq)，向文件写入字符串序列 seq，seq 应该是一个返回字符串的可迭代对象；

（6）f.seek(offset, from)，在文件中移动文件指针，从 from（0 代表文件起始位置，1 代表当前位置，2 代表文件末尾）偏移 offset 个字节；

（7）f.tell()，返回当前在文件中的位置；

（8）f.truncate([size=file.tell()])，截取文件到 size 个字节，默认是截取到文件指针当前所在位置。

2.10.7 Python 文件的验证

使用 Python 内置库函数，验证文件（或目录）是否存在。

1. os.path.exists()

使用 path.exists() 来快速检查文件或目录是否存在。

步骤 1： 在运行代码之前，要导入 os.path 模块。代码如下。

```
import os.path
from os import path
```

步骤 2： 使用 path.exists() 检查文件是否存在。代码如下。

```
path.exists ("ylpf100.txt")
```

完整代码如下所示。

```
import os.path
from os import path
def main():
    print("File exists:"+str(path.exists("ylpf100.txt")))
    print("File exists:"+str(path.exists("career.ylpf100.txt")))
```

```
        print("directory exists:" + str(path.exists("myDirectory")))
if __name__ == "__main__":
    main()
```

代码输出结果。

```
File exists:True
File exists:False
directory exists:False
```

2. os.path.isfile()

使用 path.isfile() 来检查给定的对象是不是文件。

完整代码如下所示。

```
import os.path
from os import path
def main():
    print ("Is it File?" + str(path.isfile("ylpf100.txt")))
    print ("Is it File?" + str(path.isfile("myDirectory")))
if __name__ == "__main__":
    main()
```

代码输出结果。

```
Is it File?True
Is it File?False
```

3. os.path.isdir()

如果要判断给定的对象是不是目录，可以使用 path.isdir()。

完整代码如下所示。

```
import os.path
from os import path
def main():
    print ("Is it Directory?" + str(path.isdir("ylpf100.txt")))
    print ("Is it Directory?" + str(path.isdir("/home/")))

if __name__ == "__main__" :
    main()
```

代码输出结果。

```
Is it Directory?False
Is it Directory?True
```

4. pathlibPath.exists()

Python 3.4 及更高版本具有 pathlib 模块，用于处理文件系统路径。可以使用面向对象的方法来检查文件是否存在。

完整代码如下所示。

```
import pathlib
file = pathlib.Path("ylpf100.txt")
if file.exists ():
    print ("File exist")
else:
    print ("File not exist")
```

代码输出结果。

```
File exist
```

第 3 章

综合练习：迷你 DVD 管理器

项目覆盖的技能点如下。

（1）程序基本概念——程序、变量、数据类型；

（2）使用顺序、选择、循环、跳转语句；

（3）使用数组。

3.1　项目需求

为某音像店开发一个迷你 DVD 管理器，实现 DVD 的管理，该管理器包括如下功能。

（1）新增 DVD；

（2）查看 DVD；

（3）删除 DVD；

（4）借出 DVD；

（5）归还 DVD；

（6）退出 DVD。

DVD 管理器界面如图 3-1 所示。

```
欢迎使用迷你DVD 管理器
----------------------------------------
1. 新增DVD
2. 查看DVD
3. 删除DVD
4. 借出DVD
5. 归还DVD
6. 退出DVD
----------------------------------------
请选择： 2
---> 查看DVD

序号    状态      名称              借出日期 借出次数
1       已借出    <<罗马假日>>       1日      15次
2       可借      <<风声鹤唳>>                12次
3       可借      <<浪漫满屋>>                30次
```

图 3-1　DVD 管理器界面

3.2　开发步骤

步骤 1：实现数据初始化。代码如下。

```
'''
创建数组存储 DVD 信息
'''
names = list()  # 存储 DVD 名称数组
state = list()  # 存储 DVD 借出状态: 0 已借出 /1 可借
date = list()   # 存储 DVD 借出日期
count = list()  # 借出次数
choose = 1  # 判断用户是否选择了退出或非法操作, 1 为初始值, 2 为退出或非法操作
'''
初始化 3 个 DVD
'''
names.append(" 罗马假日 ")
state.append(0)
date.append(1)
count.append(15)


names.append(" 风声鹤唳 ")
state.append(1)
date.append(0)
count.append(12)


names.append(" 浪漫满屋 ")
state.append(1)
date.append(0)
count.append(30)
```

步骤 2: 实现菜单切换。代码如下。

```
# 使用循环提供菜单选择操作
while choose == 1:  # 判断用户是否选择了退出或非法操作
    '''
    开始菜单
    '''
    print(" 欢 迎 使 用 迷 你 DVD 管 理 器 ")
    print("--------------------------------------")
    print("1. 新 增 DVD")
    print("2. 查 看 DVD")
    print("3. 删 除 DVD")
    print("4. 借 出 DVD")
    print("5. 归 还 DVD")
    print("6. 退 出 DVD")
    print("--------------------------------------\n")
    print(" 请选择 : ")
    choice = int(input())
    if choice == 1:
        ''' 新增 DVD'''
        print("****************************")
    elif choice ==2:
        ''' 查看 DVD'''
        print("****************************")
```

```
    elif choice ==3:
        '''删除 DVD'''
        print("***************************")
    elif choice ==4:
        '''借出 DVD'''
        print("***************************")
    elif choice ==5:
        '''归还 DVD 并计算租金'''
        print("***************************")
    elif choice ==6:
        choose = 2 #用户选择退出
        break
        print("***************************")
    else:
        print("非法操作")
        choose = 2 #用户没有输入 1 到 6 的整型数据则属于非法操作直接退出程序
        break
if choose != 2:#如果为 2 则是用户选择了退出或者是非法操作
    print("输入 0 返回")
    back = int(input())
    if back:
        int(back) != 0   # 如果用户没选择 0 则为非法操作
        print("非法操作")
        choose = 2
```

步骤 3：实现查看 DVD 信息。代码如下。

```
    '''查看 DVD'''
    print("---> 查看 DVD\n")
    print("序号 \t 状态 \t 名称 \t\t 借出日期 \t 借出次数")
    for name in names:
        i = int(names.index(name))
        if state[i] == 0: #state[i] 为 0 则说明该 DVD 已借出
                message = '''%s\t 已借出 \t<<%s>>\t%s 日 \t%s 次 ''' % (i+1,
                          names[i], date[i], count[i])
            print(message)
        elif state[i] == 1: #state[i] 为 1 则说明该 DVD 可借
                message = '''%s\t 可借 \t<<%s>>\t%s 日 \t%s 次 ''' % (i+1,
                          names[i], date[i], count[i])
            print(message)
        else:
            break
    print("***************************")
```

步骤 4：实现新增 DVD 信息。代码如下。

```
    '''新增 DVD'''
    print("---> 新增 DVD\n")
    print("请输入 DVD 名称 : ")
    name = input()
    names.append(name)
    state.append(1)    # 将新增的 DVD 设置为可借状态
```

```
            count.append(0)    # 设置借出次数为 0
            date.append(0)
            print("新增《%s》成功! " % (name))
            print("****************************")
```

步骤 5： 实现删除 DVD 信息。

本步骤作为练习题，期待您的实现。

步骤 6： 实现借出 DVD 业务处理。代码如下。

```
            '''借出 DVD'''
            print("---> 借出 DVD\n")
            print("请输入 DVD 名称: ")
            want = input()    # 要借出的 DVD 名称
            if want in names:
                i = int(names.index(want))
                if  state[i] == 1:    # DVD 可借
                    state[i] = 0    # 将此 DVD 设置为已借出状态
                    print("请输入借出日期: ")
                    date[i] = int(input())
                    while date[i] < 1 or date[i] > 31:    #一个月只有31天则需要数据校验
                    print("必须输入大于等于1且小于等于31的数字，请重新输入: ")
                    date[i] = input()
                    print("借出《%s》成功!" % (want))
                    count[i] += 1
                elif state[i] == 0:    # DVD 已被借出
                    print("《%s》已被借出! " % (want))
            else:
                    # 无匹配
                print("没有找到匹配信息! ")
            print("****************************")
```

步骤 7： 实现归还 DVD 业务处理。

本步骤作为练习题，期待您的实现。注意! 要计算租金。

完整代码如下所示。

```
#!/usr/bin/env python
# -*- coding: utf-8 -*-
'''
创建数组存储 DVD 信息
'''
names = []    # 存储 DVD 名称数组
status = []    # 存储 DVD 借出状态：0 已借出 /1 可借
dates = []    # 存储 DVD 借出日期
counts = []    # 借出次数
choose = 1    # 判断用户是否选择退出或是非法操作，1为初始值2为退出或者非法操作
'''
初始化 3 个 DVD
'''
names.append("罗马假日")
status.append(0)
dates.append(1)
counts.append(15)
```

```python
names.append(" 风声鹤唳 ")
status.append(1)
dates.append(0)
counts.append(12)

names.append(" 浪漫满屋 ")
status.append(1)
dates.append(0)
counts.append(30)

# 循环提供菜单选择操作
while choose == 1:   # 判断用户是否选择了退出或非法操作
    '''
    开始菜单
    '''
    print("欢 迎 使 用 迷 你 DVD 管 理 器")
    print("--------------------------------------")
    print("1. 新 增 DVD")
    print("2. 查 看 DVD")
    print("3. 删 除 DVD")
    print("4. 借 出 DVD")
    print("5. 归 还 DVD")
    print("6. 退 出 DVD")
    print("--------------------------------------\n")
    print(" 请选择: ")
    choice = int(input())

    if choice == 1:
        ''' 新增 DVD'''
        print("---> 新增 DVD\n")
        print(" 请输入 DVD 名称: ")
        name: str = input()
        names.append(name)
        status.append(1)    # 设置新增的 DVD 可借状态
        counts.append(0)    # 设置借出次数为 0
        dates.append(0)
        print(" 新增《%s》成功!  " % name)
        print("***************************")
    elif choice == 2:
        ''' 查看 DVD'''
        print("---> 查看 DVD\n")
        print(" 序号 \t 状态 \t 名称 \t\t 借出日期 \t 借出次数 ")
        for name in names:
            i = int(names.index(name))
            if status[i] == 0:  # status[i] 为 0 则说明该 DVD 已借出
                message = '''%s\t 已借出 \t<<%s>>\t%s 日 \t%s 次 ''' % (i + 1,
                        names[i], dates[i], counts[i])
                print(message)
            elif status[i] == 1:  # status[i] 为 1 则说明该 DVD 可借
                message = '''%s\t 可 借 \t<<%s>>\t\t%s 次 ''' % (i + 1,
                        names[i], counts[i])
```

```
                print(message)
            else:
                break
        print("************************")
elif choice == 3:
    '''删除 DVD'''
    print("**************************")
    print("请输入 DVD 名称：")
    want = input()   # 要删除的 DVD 名称
    if want in names:
        i = int(names.index(want))
        del names[i]
        del status[i]
        del dates[i]
        del counts[i]
        print("成功删除 DVD-%s" % want)
    else:
        print("没有此 DVD")
    print("**************************")
elif choice == 4:
    '''借出 DVD'''
    print("---> 借出 DVD\n")
    print("请输入 DVD 名称：")
    want = input()   # 要借出的 DVD 名称
    if want in names:
        i = int(names.index(want))
        if status[i] == 1:   # DVD 可借
            status[i] = 0   # 将此 DVD 设置为借出状态
            print("请输入借出日期：")
            dates[i] = int(input())
            while dates[i] < 1 or dates[i] > 31:
            # 一个月只有 31 天则需要数据校验
                print("必须输入大于等于 1 且小于等于 31 的数字，请重新输入：")
                dates[i] = input()
            print("借出《%s》成功！" % want)
            counts[i] += 1
        elif status[i] == 0:   # DVD 已被借出
            print("《%s》已被借出！" % want)
        else:
            # 无匹配
            print("没有找到匹配信息！")
    print("**************************")
elif choice == 5:
    '''归还 DVD 并计算租金'''
    print("---> 归还 DVD\n")
    print("请输入 DVD 名称：")
    want = input()   # 要归还的 DVD 名称
    if want in names:
        i = int(names.index(want))
        if status[i] == 0:   # DVD 可归还
            status[i] = 1   # 将此 DVD 置为可借状态
```

```
                print("请输入归还日期:")
                oldDate = dates[i]
                dates[i] = int(input())
                while dates[i] < 1 or dates[i] > 31:
                # 一个月只有 31 天则需要数据校验
                    print("必须输入大于等于 1 且小于等于 31 的数字, 请重新输入:")
                    dates[i] = int(input())
                    print("归还《%s》成功, 租金为 %0.2f( 收费标准为每天 1 元)" %
                        (want, dates[i] - oldDate))
                counts[i] += 1
            elif status[i] == 1:  # DVD 已被归还
                print("《%s》已被归还! " % want)
        else:
            # 无匹配
            print("没有找到匹配信息! ")
        print( "**************************")
    elif choice == 6:
        choose = 2   # 用户选择退出
        break
    else:
        print("非法操作")
        choose = 2   # 用户没有输入 1 到 6 的整型数据则属于非法操作直接退出程序
        break
    if choose != 2:  # 如果为 2 则是用户选择了退出或者是非法操作
        print("输入 0 返回 ")
        back = int(input())
        if back:
            print("非法操作 0000000")
            choose = 2
                break
            else:
                print("非法操作 ")
                break
            if self.choose != 2:  # 如果为 2 则是用户选择了退出或者是非法操作
                print("输入 0 返回 ")
                back = int(input())
                if back:
                    print("非法操作 0000000")
                    choose = 2


if __name__ == '__main__':
    dvd = DVDMgr()
    dvd.run()
```

第 4 章

Python 面向对象入门

类是数据和函数的逻辑分组。它提供了创建包含任意内容并易于访问的数据结构。例如，对于任何想要在线获取客户详细信息的银行员工，可以访问"客户类别"，该类别将列出其所有属性，如交易详细信息、取款和存款详细信息、未偿债务等。

4.1　定义 Python 类

例如，我们要定义课程类 myClass，其步骤如下。

步骤 1：在 Python 中，类是由 class 关键字定义的。代码如下。

```
class myClass():
```

步骤 2：在类内部，定义属于该类的函数或方法。代码如下。

```
def method1 (self):
    print ("ylpf100")
def method2 (self,someString):
    print ("Software Testing:" + someString)
```

在这里，我们定义了方法 method1，打印 method1 将显示"ylpf100"；我们定义的另一个方法是 method2，打印 method2 将显示"Software Testing："＋ SomeString。其中，SomeString 是调用方法提供的变量。

步骤 3：类中的所有内容都要缩进，就像函数、循环、if 语句中的代码一样。所有不缩进的内容都不在类中。代码如下。

```
class myClass():
    def method1(self):
        print("ylpf100")

    def method2(self,someString):
        print("Software Testing:" + someString)
```

注意：self 自变量是指对象本身。因此，在此方法内部，self 将引用正在操作的该对象的特定实例。self 是 Python 约定惯用的名称，用于表示 Python 中实例方法的第一个参数。

步骤 4：类实例化为对象。代码如下。

```
c = myClass()
```

步骤5：在类中调用方法。代码如下。

```
    c.method1()
    c.method2("Testing is fun")
```

注意：当我们调用方法 method1 或 method2 时，不必提供 self 关键字，由 Python 运行时自动处理。在实例上调用实例方法时，无论是否提供 self 关键字，Python 运行时都会传递 self 的值，我们只需要关心非 self 的参数即可。

完整代码如下所示。

```
# Example file for working with classes
class myClass():
  def method1(self):
      print("ylpf100")
  def method2(self,someString):
      print("Software Testing:" + someString)

def main():
  # exercise the class methods
  c = myClass ()
  c.method1()
  c.method2("Testing is fun")

if __name__ == "__main__":
  main()
```

4.2　继承的原理

继承是面向对象编程（OOP）中使用的功能。它指的是定义一个新类，而对现有类的修改很少或没有修改。新类被称为派生类，其继承的类被称为基类。**Python** 支持继承和多重继承。一个类可以从另一个被称为子类或继承类的类继承属性和方法。**Python** 继承关系如图 4-1 所示。

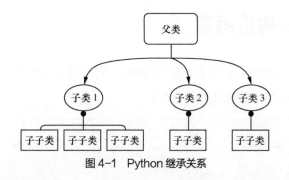

图 4-1　Python 继承关系

Python 继承语法如下所示。

```
class DerivedClass(BaseClass):
    body_of_derived_class
```

步骤 1: 运行以下代码。

```
#用于处理类的示例文件
# Example file for working with classes
class myClass():
    def method1(self):
        print("ylpf100")

class childClass(myClass):
#     def method1(self):  #第8行
#         myClass.method1(self) #第9行
#         print ("childClass method1") #第10行
    def method2(self):
        print("childClass method2")

def main():
    # exercise the class methods
    c2 = childClass()
    c2.method1()
    #c2.method2() #第19行

if __name__ == "__main__":
    main()
```

注意，这时并未定义 childClass 中的 method1，它是从 myClass 中派生出来的，因此输出为 "ylpf100"。

步骤 2: 删除第 8 行和第 10 行代码后运行代码。

现在，在 childClass 中定义了 method1，因此，输出为 "childClass method1"。

步骤 3: 删除第 9 行代码后运行代码。

此时，我们调用 myClass.method1（self）并按预期方式输出 "ylpf100"。

步骤 4: 删除注释第 19 行代码后运行代码。

此时，调用子类的 method2，并按预期方式输出 "childClass method2"。

4.3 Python 构造函数

构造函数是将对象实例化为预定义值的类函数。它以双下划线 "__" 开头。在下面的代码示例中，我们使用构造函数获取用户的名称。

```
class User:
    name = ""

    def __init__(self, name):
        self.name = name

    def sayHello(self):
        print("Welcome to ylpf100," + self.name)
```

```
User1 = User("fy")
User1.sayHello()
```

代码输出结果。

```
Welcome to ylpf100, fy
```

4.4 实例

实例1 小明爱跑步。

（1）小明体重 75.0 千克。

（2）小明每次跑步体重会减少 0.5 千克。

（3）小明每次吃东西体重增加 1 千克。

提示：在对象的方法内部，是可以直接访问对象的属性的！

实例 1 的类图，如图 4-2 所示。

完整代码如下所示。

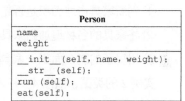

图 4-2 实例 1 的类图

```python
''' 人类 '''
class Person:

    def __init__(self, name, weight):
        self.name = name
        self.weight = weight
    def __str__(self):
        return "我的名字叫 %s 体重 %.2f 千克" % (self.name, self.weight)
    def run(self):
        """ 跑步 """
        print("%s 爱跑步，跑步锻炼身体" % self.name)
        self.weight -= 0.5
    def eat(self):
        """ 吃东西 """
        print("%s，吃完这顿再减肥" % self.name)
        self.weight += 1


if __name__ == '__main__':
    xiaoming = Person(" 小明 ", 75.0)
    xiaoming.run()
    xiaoming.eat()
    xiaoming.weight()
    print(xiaoming)
```

实例2 摆放家具。

（1）列出房子（House）户型、总面积和家具名称列表，新房子没有任何的家具。

（2）家具（HouseItem）有名字和占地面积，其中：

① 席梦思床（bed）占地面积为 4 平方米；

② 衣柜（chest）占地面积为 2 平方米；

③ 餐桌（table）占地面积为 1.5 平方米。

（3）将以上 3 件家具添加到房子中。

（4）创建房子对象时，要定义户型、总面积、剩余面积、家具名称列表。

（5）定义剩余面积。

① 在创建房子对象时，定义一个剩余面积的属性，初始值和总面积相等。

② 当调用 add_item 方法，向房间添加家具时，让剩余面积 –＝家具占地面积。

（6）添加家具。

① 判断家具占地面积是否超过剩余面积，如果超过，提示不能添加这件家具。

② 将家具的名称追加到家具名称列表中。

③ 用房子的剩余面积 – 家具占地面积。

实例 2 的类图，如图 4-3 所示。

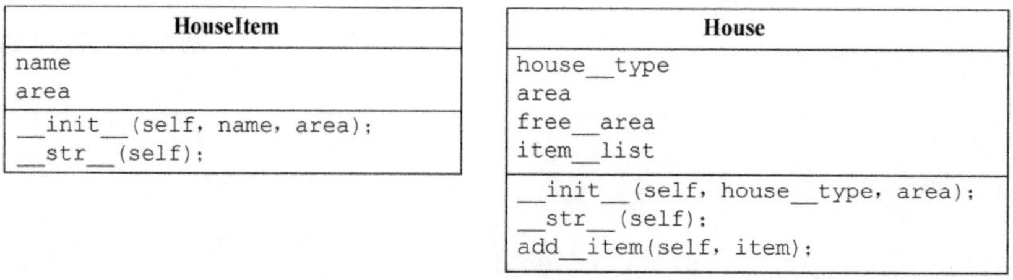

HouseItem
name
area
__init__(self, name, area); __str__(self):

House
house__type
area
free__area
item__list
__init__(self, house__type, area); __str__(self): add__item(self, item):

图 4-3　实例 2 的类图

完整代码如下所示。

```
class HouseItem:
    def __init__(self, name, area):
        """
        :param name: 家具名称
        :param area: 占地面积
        """

        self.name = name
        self.area = area

    def __str__(self):
        return "%s 占地面积 %.2f" % (self.name, self.area)


class House:
    def __init__(self, house_type, area):
        """
        :param house_type: 户型
        :param area: 总面积
        """
```

```
        self.house_type = house_type
        self.area = area

        # 剩余面积默认和总面积一致
        self.free_area = area
        # 默认没有任何的家具
        self.item_list = []

    def __str__(self):
        # Python 能够自动将一对括号内部的代码连接在一起
        return ("户型:%s\n总面积:%.2f[剩余:%.2f]\n家具:%s"
                % (self.house_type, self.area,self.free_area, [str(item)
                for item in self.item_list]))

    def add_item(self, item):
        self.item_list.append(item)
        self.free_area -= item.area
        print("要添加 %s" % item)
if __name__ == '__main__':
    # 1. 创建家具
    bed = HouseItem("席梦思床", 4)
    chest = HouseItem("衣柜", 2)
    table = HouseItem("餐桌", 1.5)
    print(bed)
    print(chest)
    print(table)

    # 2. 创建房子
    my_home = House("两室一厅", 60)
    my_home.add_item(bed)
    my_home.add_item(chest)
    my_home.add_item(table)
    print(my_home)
```

4.5 小结

类是功能和数据的逻辑分组。Python 类提供了面向对象编程的所有标准功能，如下所示。

（1）类继承机制。

（2）派生类重写其基类的任何方法。

（3）方法可以调用具有相同名称的基类的方法。

（4）Python 类由关键字"类"本身定义。

（5）在类内部，可以定义属于该类的函数或方法。

（6）类中的所有内容都要缩进，就像函数、循环、if 语句中的代码一样。

（7）Python 中的 self 参数是指对象本身。self 是 Python 的惯用名称，用于表示 Python 中实例方法的第一个参数。

（8）在实例上调用实例方法时，无论是否提供，Python 运行时都会自动传递 self 的值。

（9）在 Python 中，一个类可以从另一个被称为子类或继承类的类继承属性和方法。

## 第 5 章

综合练习：迷你 DVD
管理器（OOP 版）

完整代码如下所示。

```python
#!/usr/bin/env python
# -*- coding: utf-8 -*-

class DVDMgr:
    """
    创建数组存储 DVD 信息
    """
    names = []    # 存储 DVD 名称数组
    status = []   # 存储 DVD 借出状态：0 已借出 /1 可借
    dates = []    # 存储 DVD 借出日期
    counts = []   # 借出次数
    choose = 1    # 判断用户是否选择退出或是非法操作，1 为初始值，2 为退出或者非法操作

    def __init__(self):
        """
        初始化 3 个 DVD
        """
        self.names.append(" 罗马假日 ")
        self.status.append(0)
        self.dates.append(1)
        self.counts.append(15)

        self.names.append(" 风声鹤唳 ")
        self.status.append(1)
        self.dates.append(0)
        self.counts.append(12)

        self.names.append(" 浪漫满屋 ")
        self.status.append(1)
        self.dates.append(0)
        self.counts.append(30)

    def run(self):
        # 循环提供菜单选择操作
        while self.choose == 1:    # 判断用户是否选择退出还是非法操作
            '''
            开始菜单
            '''
            print(" 欢 迎 使 用 迷 你 DVD 管 理 器 ")
            print("-----------------------------------")
            print("1. 新 增 DVD")
            print("2. 查 看 DVD")
            print("3. 删 除 DVD")
            print("4. 借 出 DVD")
            print("5. 归 还 DVD")
            print("6. 退 出 DVD")
```

```python
    print("--------------------------------------\n")
    print("请选择: ")
    choice = int(input())

    if choice == 1:
        ''' 新增DVD'''
        print("---> 新增DVD\n")
        print("请输入DVD名称: ")
        name = input()
        self.names.append(name)
        self.status.append(1)   # 将新增的DVD设置为可借状态
        self.counts.append(0)   # 设置借出次数为0
        self.dates.append(0)
        print("新增《%s》成功! " % name)
        print("***************************")
    elif choice == 2:
        ''' 查看DVD'''
        print("---> 查看DVD\n")
        print("序号 \t状态 \t名称 \t\t借出日期 \t借出次数")
        for name in self.names:
            i = int(self.names.index(name))
            if self.status[i] == 0:  # status[i]为0则说明该DVD已借出
                message = '''%s\t已借出 \t<<%s>>\t%s日 \t%s次''' % (
                i + 1, self.names[i], self.dates[i], self.counts[i])
                print(message)
            elif self.status[i] == 1:  # status[i]为1则说明该DVD可借
                message = '''%s\t可借 \t<<%s>>\t\t%s次''' % \
                              (i + 1, self.names[i], self.counts[i])
                print(message)
            else:
                break
        print("***************************")
    elif choice == 3:
        ''' 删除DVD'''
        print("***************************")
        print("请输入DVD名称: ")
        want = input()   # 要删除的DVD名称
        if want in self.names:
            i = int(self.names.index(want))
            del self.names[i]
            del self.status[i]
            del self.dates[i]
            del self.counts[i]
            print("成功删除DVD-%s" % want)
        else:
            print("没有此DVD")
    elif choice == 4:
        ''' 借出DVD'''
        print("---> 借出DVD\n")
        print("请输入DVD名称: ")
        want = input()   # 要借出的DVD名称
```

```python
                        if want in self.names:
                            i = int(self.names.index(want))
                            if self.status[i] == 1:   # DVD 可借
                                self.status[i] = 0   # 将此 DVD 设置为借出状态
                                print("请输入借出日期：")
                                self.dates[i] = int(input())
                                while self.dates[i] < 1 or self.dates[i] > 31:
                                # 一个月只有 31 天则需要数据校验
                                    print("必须输入≥1且≤31 的数字，请重新输入：")
                                    self.dates[i] = input()
                                print("借出《%s》成功！" % want)
                                self.counts[i] += 1
                            elif self.status[i] == 0:   # DVD 已被借出
                                print("《%s》已被借出！" % want)
                            else:
                                # 无匹配
                                print("没有找到匹配信息！")
                    print("***************************")
                elif choice == 5:
                    ''' 归还 DVD 并计算租金 '''
                    print("---> 归还 DVD\n")
                    print("请输入 DVD 名称：")
                    want = input()   # 要归还的 DVD 名称
                    if want in self.names:
                        i = int(self.names.index(want))
                        if self.status[i] == 0:   # DVD 可归还
                            self.status[i] = 1   # 将此 DVD 置于可借状态
                            print("请输入归还还日期：")
                            oldDate = self.dates[i]
                            self.dates[i] = int(input())
                            while self.dates[i] < 1 or self.dates[i] > 31:
                            # 一个月只有 31 天则需要数据校验
                                print("必须输入大于等于 1 且小于等于 31 的数字，请重新输入：")
                                self.dates[i] = int(input())
                            print("归还《%s》成功，租金为 %0.2f（收费标准为 1 天一块钱
                                )" % (want, self.dates[i] - oldDate))
                            self.counts[i] += 1
                        elif self.status[i] == 1:   # DVD 已被归还
                            print("《%s》已被归还！" % want)
                    else:
                        # 无匹配
                        print("没有找到匹配信息！")
                    print("***************************")
                elif choice == 6:
                    break
                else:
                    print("非法操作")
                    break
```

```python
            if self.choose != 2:    # 如果为 2 则是用户选择了退出或者是非法操作
                print(" 输入 0 返回 ")
                back = int(input())
                if back:
                    print(" 非法操作 0000000")
                    choose = 2


if __name__ == '__main__':
    dvd = DVDMgr()
    dvd.run()
```

第 6 章

在 Python 中操作 MySQL

PyMySQL 软件包包含一个基于 PEP 249 的 Python MySQL 客户端库。

6.1 安装 PyMySQL

1. 系统要求

Python:

- CPython 版本号: 2.7 或 3.5 以上;
- PyPy 版本号: 最新版本。

  MySQL Server:

- MySQL 版本号: 5.5 以上;
- MariaDB 版本号: 5.5 以上。

2. 安装 PyMySQL

安装命令如下所示。

```
$ python3 -m pip install PyMySQL
```

6.2 pymysql.connect() 中的参数说明

pymysql.connect() 中的参数说明如表 6-1 所示。

表 6-1　pymysql.connect() 中的参数说明

参数	描述
host(str)	MySQL 服务器地址
port(int)	MySQL 服务器端口号
user(str)	用户名
passwd(str)	密码
db(str)	数据库名称
charset(str)	连接编码

6.3 connection 对象支持的方法

connection 对象支持的方法如表 6-2 所示。

表 6-2　connection 对象支持的方法

方法	描述
cursor()	使用该连接创建并返回游标
commit()	提交当前事务
rollback()	回滚当前事务
close()	关闭连接

6.4　cursor 对象支持的方法

cursor 对象支持的方法如表 6-3 所示。

表 6-3　cursor 对象支持的方法

方法	描述
execute(op)	执行一个数据库的查询命令
fetchone()	获取结果集的下一行
fetchmany(size)	获取结果集的下几行
fetchall()	获取结果集中的所有行
rowcount()	返回数据更新的条数
close()	关闭游标对象

6.5　实现 pymysql 的增删改查功能

步骤 1：在连接数据库之前，先创建一个交易表，方便测试 pymysql 的功能。代码如下。

```sql
DROP TABLE IF EXISTS `trade`;

CREATE TABLE `trade` (
  `id` int(4) unsigned NOT NULL AUTO_INCREMENT,
  `name` varchar(6) NOT NULL COMMENT '用户真实姓名',
  `account` varchar(11) NOT NULL COMMENT '银行储蓄账号',
  `saving` decimal(8,2) unsigned NOT NULL DEFAULT '0.00' COMMENT '账户储蓄金额',
  `expend` decimal(8,2) unsigned NOT NULL DEFAULT '0.00' COMMENT '账户支出总计',
  `income` decimal(8,2) unsigned NOT NULL DEFAULT '0.00' COMMENT '账户收入总计',
  PRIMARY KEY (`id`),
  UNIQUE KEY `name_UNIQUE` (`name`)
) ENGINE=InnoDB AUTO_INCREMENT=2 DEFAULT CHARSET=utf8;
INSERT INTO `trade` VALUES (1,'乔布斯','18012345678',0.00,0.00,0.00);
```

步骤 2：导入包 pymysql.cursors。代码如下。

```python
import pymysql.cursors
```

步骤 3：连接数据库。代码如下。

```python
# 连接数据库
connect = pymysql.Connect(
    host=127.0.0.1,
    port=3306,
    user='fy',
    passwd='fy123456',
    db='test',
    charset='utf8'
)
```

步骤 4：获取游标。代码如下。

```python
cursor = connect.cursor()
```

步骤 5：插入数据。代码如下。

```python
# 插入数据
sql = "INSERT INTO trade (name, account, saving) VALUES ('%s', '%s', %.2f )"
data = ('张三', '13512345678', 10000)
cursor.execute(sql % data)
connect.commit()
print('成功插入 ', cursor.rowcount, ' 条数据 ')
```

步骤 6：修改数据。代码如下。

```python
# 修改数据
sql = "UPDATE trade SET saving = %.2f WHERE account = '%s' "
data = (8888, '13512345678')
cursor.execute(sql % data)
connect.commit()
print('成功修改 ', cursor.rowcount, ' 条数据 ')
```

步骤 7：查询数据。代码如下。

```python
# 查询数据
sql = "SELECT name,saving FROM trade WHERE account = '%s' "
data = ('13512345678',)
cursor.execute(sql % data)
for row in cursor.fetchall():
    print("Name:%s\tSaving:%.2f" % row)
print('共查找出 ', cursor.rowcount, ' 条数据 ')
```

步骤 8：删除数据。代码如下。

```python
# 删除数据
sql = "DELETE FROM trade WHERE account = '%s' LIMIT %d"
data = ('13512345678', 1)
cursor.execute(sql % data)
connect.commit()
print('成功删除 ', cursor.rowcount, ' 条数据 ')
```

步骤9：事务处理。代码如下。

```
# 事务处理
sql_1 = "UPDATE trade SET saving = saving + 1000 WHERE account = '18012345678' "
sql_2 = "UPDATE trade SET expend = expend + 1000 WHERE account = '18012345678'"
sql_3 = "UPDATE trade SET income = income + 2000 WHERE account = '18012345678'"
try:
    cursor.execute(sql_1)   # 储蓄增加 1000
    cursor.execute(sql_2)   # 支出增加 1000
    cursor.execute(sql_3)   # 收入增加 2000
except Exception as e:
    connect.rollback()   # 事务回滚
    print('事务处理失败', e)
else:
    connect.commit()  # 事务提交
    print('事务处理成功', cursor.rowcount)
```

步骤10：关闭连接。代码如下。

```
# 关闭连接
cursor.close()
connect.close()
```

完整代码如下所示。

```
import pymysql.cursors
# 连接数据库
connect = pymysql.Connect(
    host=127.0.0.1,
    port=3306,
    user='fy',
    passwd='fy123456',
    db='test',
    charset='utf8'
)
# 获取游标
cursor = connect.cursor()
# 插入数据
sql = "INSERT INTO trade (name, account, saving) VALUES ('%s', '%s', %.2f )"
data = ('张三', '13512345678', 10000)
cursor.execute(sql % data)
connect.commit()
print('成功插入', cursor.rowcount, '条数据')

# 修改数据
sql = "UPDATE trade SET saving = %.2f WHERE account = '%s'"
data = (8888, '13512345678')
cursor.execute(sql % data)
connect.commit()
print('成功修改', cursor.rowcount, '条数据')

# 查询数据
sql = "SELECT name,saving FROM trade WHERE account = '%s'"
data = ('13512345678',)
```

```
    cursor.execute(sql % data)
    for row in cursor.fetchall():
        print("Name:%s\tSaving:%.2f" % row)
    print(' 共查找出 ', cursor.rowcount, ' 条数据 ')

    # 删除数据
    sql = "DELETE FROM trade WHERE account = '%s' LIMIT %d"
    data = ('13512345678', 1)
    cursor.execute(sql % data)
    connect.commit()
    print(' 成功删除 ', cursor.rowcount, ' 条数据 ')

    # 事务处理
    sql_1 = "UPDATE trade SET saving = saving + 1000 WHERE account =
'18012345678'"
    sql_2 = "UPDATE trade SET expend = expend + 1000 WHERE account =
'18012345678'"
    sql_3 = "UPDATE trade SET income = income + 2000 WHERE account =
'18012345678'"

    try:
        cursor.execute(sql_1)    # 储蓄增加 1000
        cursor.execute(sql_2)    # 支出增加 1000
        cursor.execute(sql_3)    # 收入增加 2000
    except Exception as e:
        connect.rollback()   # 事务回滚
        print(' 事务处理失败 ', e)
    else:
        connect.commit()   # 事务提交
        print(' 事务处理成功 ', cursor.rowcount)

    # 关闭连接
    cursor.close()
    connect.close()
```

代码输出结果。

```
成功插入 1 条数据
成功修改 1 条数据
Name: 张三        Saving:8888.00
共查找出 1 条数据
成功删除 1 条数据
事务处理成功 1
```

Python

第7章

NumPy

7.1　NumPy 介绍

1. 什么是 NumPy

NumPy 是 Python 提供的能够执行数学运算和统计运算的开放源代码库，可帮助我们进行数据科学编程。它支持大量的数学运算，非常适合多维数组和矩阵乘法，可与 N 维数组、线性代数、随机数和傅里叶变换等一起使用，也可以集成到 C / C ++ 和 Fortran 中。

2. 为什么要使用 NumPy

NumPy 的内存效率高，可以处理大量数据。此外，NumPy 的使用非常方便，特别是对于维度数组与矩阵运算。最重要的是，NumPy 处理数据的速度很快，TensorFlow 和 Scikit 都使用 NumPy 来进行计算。

3. 安装 NumPy

使用 pip3 安装 NumPy，命令如下所示。

```
pip3 install numpy
```

安装完成后，在命令模式下，执行相关命令，出现以下信息说明安装成功。

```
>>> import numpy as np
>>> np.__version__
'1.18.1'
>>>
```

7.2　NumPy 数组

7.2.1　创建数组

在 NumPy 中创建数组的最简单方法是使用 Python 列表，代码如下。

```
myPythonList = [1,9,8,3]
```

使用 np.array 将 Python 列表转换为 NumPy 数组。代码如下。

```
numpy_array_from_list = np.array(myPythonList)
```

代码输出结果。

```
array([1, 9, 8, 3])
```

实际上，不需要声明 Python 列表，也可以创建数组，只要直接将上述步骤组合即可。代码如下。

```
a = np.array([1,9,8,3])
```

注意：NumPy 文档推荐使用 np.ndarray 创建一个数组。当然，我们也可以使用元组创建一个 NumPy 数组。

7.2.2 矩阵上的数学运算

对数组执行数学运算，例如加法、减法、乘法和除法。其语法是数组名，后面依次为操作符（+，−，*，/）。

实例　将 NumPy 数组的每个元素加 10。代码如下。

```
numpy_array_from_list + 10
```

代码输出结果。

```
array([11, 19, 18, 13])
```

7.2.3 矩阵大小

使用 shape 属性可以查看数组的大小。使用 dtype 属性可以查看数组类型。代码如下。

```
import numpy as np
a = np.array([1,2,3])
print(a.shape)
print(a.dtype)
```

代码输出结果。

```
(3,)
int64
```

int 类型是没有小数的。带小数的类型为 float。代码如下。

```
#### Different type
b = np.array([1.1,2.0,3.2])
print(b.dtype)
```

代码输出结果。

```
float64
```

7.2.4 二维数组

以 "," 分割维度。注意，它必须在方括号 [] 中。

```
c = np.array([(1,2,3),(4,5,6)])
print(c.shape)
```

代码输出结果。

```
(2, 3)
```

7.2.5　三维数组

三维数组的构造如下所示。

```
d = np.array([
    [[1,2,3],[4,5,6]],[[7,8,9],[10,11,12]]])
print(d.shape)
```

代码输出结果。

```
(2, 2, 3)
```

7.2.6　总结

表 7-1 列出了 NumPy 的基本功能。

表 7-1　NumPy 的基本功能

目标	代码
创建数组	array([1,2,3])
查看数组维度	array([]).shape

7.3　numpy.zeros() 和 numpy.ones()

numpy.zeros() 和 numpy.ones() 分别可以创建一个全为 0 和全为 1 的矩阵。当统计任务的第一次迭代期间初始化权重时，可以使用它们。语法如下。

全为 0 的矩阵。

```
numpy.zeros(shape, dtype=float, order= 'C')
```

全为 1 的矩阵。

```
numpy.ones(shape, dtype=float, order= 'C')
```

参数描述如下。

shape：数组的维度。

dtype：数据类型。它是可选的，默认值为 float64。

order：必选行样式，默认为 C。

实例 1　创建全为 0 的矩阵。

```
import numpy as np
np.zeros((2,2))
```

代码输出结果。

```
array([[0., 0.],[0., 0.]])
```

实例 2　创建带有数据类型的全为 0 的矩阵。

```
import numpy as np
np.zeros((2,2), dtype=np.int16)
```

代码输出结果。

```
array([[0, 0],[0, 0]], dtype=int16)
```

实例 3 创建带有数据类型全为 1 的二维矩阵。

```
import numpy as np
np.ones((1,2,3), dtype=np.int16)
```

代码输出结果。

```
array([[[1, 1, 1],[1, 1, 1]]], dtype=int16)
```

7.4 numpy.reshape() 和 numpy.flatten()

7.4.1 重塑数据

在某些情况下，可以使用重塑功能实现宽数据和长数据之间的相互转换。语法如下。

```
numpy.reshape(a, newShape, order= 'C')
```

参数描述如下。

a：要重塑的数组。

newShape：新的数据维度。

order：必选行样式，默认为 C。

实例 重塑矩阵。代码如下。

```
import numpy as np
e  = np.array([(1,2,3), (4,5,6)])
print(e)
e.reshape(3,2)
```

代码输出结果。

```
# 重塑之前 2*3 矩阵
array[[1 2 3],
 [4 5 6]]
# 重塑之后 3*2 矩阵
array([[1, 2],
[3, 4],
[5, 6]])
```

7.4.2 展平数据

可以使用 flatten() 函数展平矩阵。语法如下。

```
numpy.flatten(order= 'C')
```

参数描述如下。

order：必选行样式，默认为 C。

实例 展平矩阵。代码如下。

```
import numpy as np
e = np.array([[(1,2,3), (4,5,6)])
e.flatten()
```

代码输出结果。

```
array([1, 2, 3, 4, 5, 6])
```

7.5 numpy.hstack() 和 numpy.vstack()

7.5.1 numpy.hstack()

使用 numpy.hstack()，可以水平追加数据。

实例 水平追加数据。代码如下。

```
import numpy as np
f = np.array([1,2,3])
g = np.array([4,5,6])
print('Horizontal Append:', np.hstack((f, g)))
```

代码输出结果。

```
Horizontal Append: [1 2 3 4 5 6]
```

7.5.2 numpy.vstack()

numpy.vstack() 可以垂直追加数据。

实例 垂直追加数据。代码如下。

```
import numpy as np
f = np.array([1,2,3])
g = np.array([4,5,6])
print('Vertical Append:', np.vstack((f, g)))
```

代码输出结果。

```
Vertical Append: [[1 2 3]
 [4 5 6]]
```

7.5.3 生成随机数

NumPy 可以基于高斯分布生成随机数。语法如下。

```
numpy.random.normal(loc, scale, size)
```

参数描述如下。

loc：均值。

scale：标准偏差。

size：数量。

实例 基于高斯分布生成随机数。代码如下。

```
normal_array = np.random.normal(5, 0.5, 10)
print(normal_array)
```

代码输出结果。

```
[5.56171852 4.84233558 4.65392767 4.946659   4.85165567 5.61211317 4.46704244
5.22675736 4.49888936 4.68731125]
```

将该实例输出结果进行绘图，效果如图 7-1 所示。

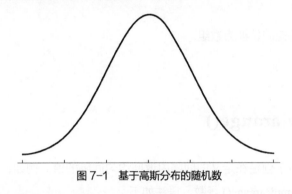

图 7-1　基于高斯分布的随机数

7.6　numpy.asarray()

使用 asarray() 函数将输入转换为数组。输入可以是列表、元组和 ndarray 等。语法如下。

```
numpy.asarray(data, dtype=None, order=None)[source]
```

参数描述如下。

data：要转换为数组的数据。

dtype：这是一个可选参数。如果未指定，则从输入数据推断数据类型。

order：必选行样式，为 None 表示没有赋值，可以赋值为 C 或 F，默认为 C。

实例 创建 4×4 的二维矩阵 *A*，元素全为 1。代码如下。

```
import numpy as np
A = np.matrix(np.ones((4,4)))
print(A)
```

代码输出结果。

```
[[1. 1. 1. 1.]
 [1. 1. 1. 1.]
 [1. 1. 1. 1.]
 [1. 1. 1. 1.]]
```

矩阵 *A* 的值是不能直接更改的，因为无法更改副本。

既然矩阵是不可变的，那么在原始数组中添加修改数据，则需要使用 asarray() 函数。下面我们将矩阵 *A* 第三行的值改为 2。代码如下。

```
np.asarray(A)[2]=2
print(A)
```

代码输出结果。

```
[[1. 1. 1. 1.]
 [1. 1. 1. 1.]
 [2. 2. 2. 2.] # 新修改的值
 [1. 1. 1. 1.]]
```

代码解释如下。

np.asarray(A)：将矩阵转换为数组。

[2]: 表示第三行。

7.7 numpy.arange()

numpy.arange() 用于创建在定义的间隔内返回均匀间隔的值。例如，要创建 1 到 10 之间的值，就可以使用 numpy.arange() 函数。语法如下。

```
numpy.arange(start, stop,step)
```

参数描述如下。

start：间隔开始。

stop：间隔结束。

step：值之间的间距，默认为 1。

实例 1　输出 1 到 11 之间的值，步长为 1。代码如下。

```
import numpy as np
np.arange(1, 11)
```

代码输出结果。

```
array([ 1,  2,  3,  4,  5,  6,  7,  8,  9, 10])
```

实例 2　输出 1 到 14 之间的值，步长为 4。代码如下。

```
import numpy as np
np.arange(1, 14, 4)
```

代码输出结果。

```
array([ 1,  5,  9, 13])
```

7.8　numpy.linspace() 和 numpy.logspace()

7.8.1　numpy.linspace()

numpy.linspace() 可以生成均匀分布的样本。语法如下。

```
numpy.linspace(start, stop, num, endpoint)
```

参数描述如下。

start：序列的起始值。

stop：序列的结束值。

num：要生成的样本数，默认值为 50。

endpoint：如果为 True（默认），则结束值 stop 为最后一个值。 如果为 False，则不包括结束值 stop。

实例 1　创建 1 到 5 之间等间隔的 10 个值。代码如下。

```
import numpy as np
np.linspace(1.0, 5.0, num=10)
```

代码输出结果。

```
array([1., 1.44444444, 1.88888889, 2.33333333, 2.77777778, 3.22222222,
3.66666667, 4.11111111, 4.55555556, 5.])
```

实例 2　如果不想在间隔中包括最后一位数字，可以将 endpoint 设置为 False。代码如下。

```
np.linspace(1.0, 5.0, num=5, endpoint=False)
```

代码输出结果。

```
array([1.0, 1.8, 2.6, 3.4, 4.2])
```

7.8.2　numpy.logspace()

numpy.logspace() 可以在对数刻度上返回偶数个间隔的数字。numpy.logspace() 与 numpy.linspace() 具有相同的参数。

语法如下。

```
numpy.logspace(start, stop, num, endpoint)
```

实例　代码如下。

```
import numpy as np
np.logspace(3.0, 4.0, num=4)
```

代码输出结果。

```
array([ 1000. , 2154.43469003, 4641.58883361, 10000. ])
```

如果要检查数组的大小，可以使用 itemsize。代码如下。

```
x = np.array([1,2,3], dtype=np.complex128)
x.itemsize
```

代码输出结果。

```
16
```

7.9 索引和切片 NumPy 数组

切片数据对于 NumPy 来说是很简单的。注意，在 Python 中，需要使用方括号来返回行或列。

实例 1 对矩阵 e 进行切片。代码如下。

```
import numpy as np
e  = np.array([[(1,2,3), (4,5,6)]])
print(e)
```

代码输出结果。

```
[[1 2 3]
 [4 5 6]]
```

实例 2 使用 NumPy 检索实例 1 中数组的值。代码如下。

```
## 第一列
print('First row:', e[0])
## 第二列
print('Second row:', e[1])
```

代码输出结果。

```
First row: [1 2 3]
Second row: [4 5 6]
```

与其他编程语言一样，在 Python 中，逗号前的值代表行，逗号后的值代表列。如果要选择列，则需要在列索引之前添加 "："。

实例 3 选中矩阵 e 第二列的所有行。代码如下。

```
print('Second column:', e[:,1])
```

代码输出结果。

```
Second column: [2 5]
```

实例 4 返回第二行的前两个值。代码如下。

```
print(e[1, :2])
```

代码输出结果。

```
[4 5]
```

7.10　NumPy 统计函数与示例

NumPy 具有许多统计函数，可以从数组中的给定元素中查找最小值、最大值、均值、中位数和标准偏差等。Numpy 具有强大的统计功能，如表 7-2 所示。

表 7-2　统计函数

Numpy 统计函数	描述
numpy.min()	最小值
numpy.max()	最大值
numpy.mean()	均值
numpy.median()	中位数
numpy.std()	标准偏差

准备的数组，代码如下。

```
import numpy as np
normal_array = np.random.normal(5, 0.5, 10)
print(normal_array)
```

代码输出结果。

```
[5.56171852  4.84233558  4.65392767  4.946659     4.85165567  5.61211317
4.46704244 5.22675736 4.49888936 4.68731125]
```

统计函数，代码如下。

```
### 最小值
print(np.min(normal_array))
### 最大值
print(np.max(normal_array))
### 均值
print(np.mean(normal_array))
### 中位数
print(np.median(normal_array))
### 标准偏差
print(np.std(normal_array))
```

代码输出结果。

```
4.467042435266913
5.612113171990201
4.934841002270593
4.846995625786663
0.3875019367395316
```

7.11　numpy.dot()

使用 numpy.dot() 可以获取两个元素的点积。语法如下。

```
numpy.dot(x, y, out=None)
```

参数描述如下。

x，y：输入数组。x 和 y 维度需要相同。

out：这是输出参数。对于一维数组，直接为返回值；其他为 ndarray 类型。

实例　计算 2 个数组的点积。代码如下。

```
import numpy as np
f = np.array([1,2])
g = np.array([4,5])
### 1*4+2*5
np.dot(f, g)
```

代码输出结果。

```
14
```

7.12　numpy.matmul()

numpy.matmul() 用于返回 2 个数组的矩阵乘积。其工作原理如下。

（1）对于二维数组，返回正常乘积。

（2）数组维度大于等于 2，堆叠矩阵。

（3）数组维度小于 2，首先将一维数组提升为矩阵，然后计算乘积。

语法如下。

```
numpy.matmul(x, y, out=None)
```

参数描述如下。

x，y：输入数组。

out：这是可选参数，通常将输出存储在 ndarray 中。

实例　使用 numpy.matmul() 计算矩阵乘法。代码如下。

```
h = [[1,2],[3,4]]
i = [[5,6],[7,8]]
### 1*5+2*7 = 19
np.matmul(h, i)
```

代码输出结果。

```
array([[19, 22], [43, 50]])
```

7.13 numpy.linalg.det()

numpy.linalg.det() 用于计算数组的行列式，但是要求数组的最后 2 个维度必须是方阵。

实例 计算数组 a 的行列式。代码如下。

```
a=np.reshape(np.arange(6),(2,3))
np.linalg.det(a)
a=np.reshape(np.arange(20),(5,2,2))
a
```

代码输出结果。

```
array([[[ 0,  1],
        [ 2,  3]],
       [[ 4,  5],
        [ 6,  7]],
       [[ 8,  9],
        [10, 11]],
       [[12, 13],
        [14, 15]],
       [[16, 17],
        [18, 19]]])
```

7.14 NumPy 实例

7.14.1 股票统计分析实例

文件列头字段为公式、日期、开盘价、最高成交价、最低成交价、收盘价和成交量。文件中的数据为给定时间范围内某股票的数据，现要求：

（1）获取该时间范围内交易日星期一、星期二、星期三、星期四、星期五分别对应的平均收盘价；

（2）获取平均收盘价最低、最高分别对应星期几。

该实例数据，如图 7-2 所示。

```
AAPL,31-01-2011, ,335.8,340.04,334.3,339.32,13473000
AAPL,01-02-2011, ,341.3,345.65,340.98,345.03,15236800
AAPL,02-02-2011, ,344.45,345.25,343.55,344.32,9242600
AAPL,03-02-2011, ,343.8,344.24,338.55,343.44,14064100
AAPL,04-02-2011, ,343.61,346.7,343.51,346.5,11494200
AAPL,07-02-2011, ,347.89,353.25,347.64,351.88,17322100
AAPL,08-02-2011, ,353.68,355.52,352.15,355.2,13608500
AAPL,09-02-2011, ,355.19,359,354.87,358.16,17240800
AAPL,10-02-2011, ,357.39,360,348,354.54,33162400
AAPL,11-02-2011, ,354.75,357.8,353.54,356.85,13127500
AAPL,14-02-2011, ,356.79,359.48,356.71,359.18,11086200
AAPL,15-02-2011, ,359.19,359.97,357.55,359.9,10149000
AAPL,16-02-2011, ,360.8,364.9,360.5,363.13,17184100
AAPL,17-02-2011, ,357.1,360.27,356.52,358.3,18949000
```

图 7-2 实例数据

实例代码如下所示。

```python
import numpy as np
import datetime

def dateStr2num(s):
    s = s.decode("utf-8")
    return datetime.datetime.strptime(s, "%d-%m-%Y").weekday()

params = dict(
    fname="data.csv",
    delimiter=',',
    usecols=(1, 6),
    converters={1: dateStr2num},
    unpack=True
)
date, closePrice = np.loadtxt(**params)
average = []
for i in range(5):
    average.append(closePrice[date == i].mean())
    print(" 星期 %d 的平均收盘价为：" % (i + 1), average[i])
print("\n 平均收盘价最低是星期 %d" % (np.argmin(average) + 1))
print(" 平均收盘价最高是星期 %d" % (np.argmax(average) + 1))
```

代码输出结果。

```
星期 1 的平均收盘价为：351.7900000000001
星期 2 的平均收盘价为：350.63500000000005
星期 3 的平均收盘价为：352.1366666666666
星期 4 的平均收盘价为：350.8983333333333
星期 5 的平均收盘价为：350.0228571428571
平均收盘价最低是星期 5
平均收盘价最高是星期 3
```

7.14.2　新人找工作实例

小明接收到两家公司的邀请，纠结该去哪家。A 公司和 B 公司的数据对比如图 7-3 所示。

职位	A公司 薪资	A公司 人数	B公司 薪资	B公司 人数
经理	100000	1	20000	1
主管	10000	15	11000	20
普通员工	7500	20	9000	15

图 7-3　A 公司和 B 公司的数据对比

实例代码如下所示。

```
import numpy as np
companyA = np.array([100000] + [10000] * 15 + [7500] * 20)
companyB = np.array([20000] + [11000] * 20 + [9000] * 15)
print("带权平均值对比：")
print("A公司：%.2f" %companyA.mean(),"B公司：%.2f" %companyB.mean())
print("中位数对比：")
print("A公司：",np.median(companyA),"B公司：",np.median(companyB))
```

代码输出结果。

```
带权平均值对比：
A公司：11111.11 B公司：10416.67
中位数对比：
A公司：7500.0 B公司：11000.0
```

Python

第 8 章

pandas

8.1　pandas 介绍

1. 什么是 pandas

pandas 是一个开源库，Python 语言可以使用它来对数据进行操作。pandas 库建立在 NumPy 之上，这意味着 pandas 需要结合 NumPy 进行操作。pandas 提供了一种创建、操作和处理数据的简便方法。pandas 还是处理时间序列数据的一种强大的工具。

2. 为什么要使用 pandas

pandas 具有以下优势。

（1）轻松处理丢失的数据。

（2）使用 Series（序列）表示一维数据结构，使用 DataFrame（数据帧）表示多维数据结构。

（3）提供了一种有效的数据切片方法。

（4）提供了一种灵活的方式来合并、连接或重塑数据。

（5）包括一个功能强大的时间序列工具。

简而言之，pandas 是非常有用的数据分析库。它提供了功能强大且易于使用的数据结构，以及在这些结构上快速执行操作的方法。

3. 安装 pandas

安装命令如下所示。

```
pip3 install pandas
```

8.2　pandas 的数据结构

8.2.1　数据帧

数据帧（DataFrame）是一个二维数组，是带有标记的轴（行和列）。它是存储数据的标准方法。

pandas 中的数据帧是表格数据，其中行用于存储信息，而列用于命名信息，如表 8-1 所示。

表 8-1　pandas 中的数据帧

	条目	价格
0	A	2
1	B	3

8.2.2　序列

序列（Series）是一维数据结构。它可以是任何数据类型，如整型、浮点型和字符串。当要执行计算或返回一维数组时，此功能很有用。根据定义，序列不能有多列。如果存在多列的情况，请使用数据帧结构。

序列具有一个参数 data，data 可以是列表、字典或标准值。

代码如下。

```
pd.Series([1, 2, 3])
```

代码输出结果。

```
0    1.0
1    2.0
2    3.0
dtype: float64
```

可以使用 index 添加索引。这有助于命名行，索引长度应等于列的长度。代码如下。

```
pd.Series([1, 2, 3], index=['a', 'b', 'c'])
```

实例　创建一个第三行缺少值的序列。

注意，Python 中缺少的值标记为 "NaN"。可以使用 NumPy 创建缺失值：np.nan。代码如下。

```
pd.Series([1,2,np.nan])
```

代码输出结果。

```
0    1.0
1    2.0
2    NaN
dtype: float64
```

8.3　创建数据帧

使用数据字典创建 pandas 数据帧。代码如下。

```
dic = {'Name': ["John", "Smith"], 'Age': [30, 40]}
pd.DataFrame(data=dic)
```

代码输出结果如下。

	Name	Age
0	John	030
1	Smith	140

pandas 数据帧可以与 NumPy 数组相互转换。使用 pd.DataFrame() 可以将 NumPy 数组转

换为 pandas 数据帧，使用 np.array() 可以将 pandas 数据帧转换为 NumPy 数组。代码如下。

```
## 将 NumPy 数组转换为 pandas 数据帧
import numpy as np
h = [[1,2],[3,4]]
df_h = pd.DataFrame(h)
print('Data Frame:', df_h)
## 将 pandas 数据帧转换为 NumPy 数组
df_h_n = np.array(df_h)
print('Numpy array:', df_h_n)
```

代码输出结果。

```
Data Frame:    0 1
            0  1 2
            1  3 4
Numpy array: [[1 2]
             [3 4]]
```

8.4 创建日期范围

pandas 具有方便的 API 以创建日期范围，pd.data_range(start, periods, freq)。其中，第 1 个参数是开始日期；第 2 个参数是周期数（如果指定了结束日期，则为可选参数）；第 3 个参数是频率，D、M、Y 分别表示日、月、年。

频率为日的代码如下。

```
## 创建日期
# 日
dates_d = pd.date_range('20300101', periods=6, freq='D')
print('Day:', dates_d)
```

代码输出结果。

```
Day: DatetimeIndex(['2030-01-01', '2030-01-02', '2030-01-03', '2030-01-
04', '2030-01-05', '2030-01-06'], dtype='datetime64[ns]', freq='D')
```

频率为月的代码如下。

```
# 月
dates_m = pd.date_range('20300101', periods=6, freq='M')
print('Month:', dates_m)
```

代码输出结果。

```
Month: DatetimeIndex(['2030-01-31', '2030-02-28', '2030-03-31', '2030-04-
30', '2030-05-31', '2030-06-30'], dtype= 'datetime64[ns]', freq= 'M')
```

8.5 查看数据

pandas 中可以使用 head() 函数和 tail() 函数来查看数据集的头部和尾部。

步骤 1：使用 NumPy 创建一个随机序列。该序列有 6 行 4 列。代码如下。

```
random = np.random.randn(6,4)
```

步骤 2：使用 pandas 创建 DataFrame。代码如下。

使用 dates_m 作为数据框的索引。这意味着每行将被赋予一个名称或一个索引，对应一个日期。最后，使用参数 columns 为 4 个列命名。

```
# 创建日期数据
df = pd.DataFrame(random, index=dates_m, columns=list('ABCD'))
```

步骤 3：使用 head() 函数查看数据集头部。代码如下。

```
df.head(3)
```

代码输出结果。

	A	B	C	D
2030-01-31	1.139433	1.318510	-0.181334	1.615822
2030-02-28	-0.081995	-0.063582	0.857751	-0.527374
2030-03-31	-0.519179	0.080984	-1.454334	1.314947

步骤 4：使用 tail() 函数查看数据集尾部。代码如下。

```
df.tail(3)
```

代码输出结果。

	A	B	C	D
2030-04-30	-0.685448	-0.011736	0.622172	0.104993
2030-05-31	-0.935888	-0.731787	-0.558729	0.768774
2030-06-30	1.096981	0.949180	-0.196901	-0.471556
2030-03-31	-0.519179	0.080984	-1.454334	1.314947

步骤 5：获得有关数据线索的一种很好的做法是使用 describe() 函数。它提供了数据集的计数、平均值、标准偏差、最小值、最大值和百分位数。代码如下。

```
df.describe()
```

代码输出结果。

	A	B	C	D
计数	6.000000	6.000000	6.000000	6.000000
平均值	0.002317	0.256928	-0.151896	0.467601
标准偏差	0.908145	0.746939	0.834664	0.908910
最小值	-0.935888	-0.731787	-1.454334	-0.527374
25%	-0.643880	-0.050621	-0.468272	-0.327419
50%	-0.300587	0.034624	-0.189118	0.436883
75%	0.802237	0.732131	0.421296	1.178404
最大值	1.139433	1.318510	0.857751	1.615822

8.6 拆分数据

（1）提取特定列中的数据。代码如下。

```
## 拆分
### 使用列名
df['A']
```

代码输出结果。

```
2030-01-31                    -0.168655
2030-02-28                    0.689585
2030-03-31                    0.767534
2030-04-30                    0.557299
2030-05-31                    -1.547836
2030-06-30                    0.511551
Freq: M, Name: A, dtype: float64
```

如果选择多列，则需要使用两对方括号 [[…, …]]。

第一对方括号表示要选择的列，第二对方括号表示要返回的列。代码如下。

```
df[['A', 'B']]
```

代码输出结果。

	A	B
2030-01-31	-0.168655	0.587590
2030-02-28	0.689585	0.998266
2030-03-31	0.767534	-0.940617
2030-04-30	0.557299	0.507350
2030-05-31	-1.547836	1.276558
2030-06-30	0.511551	1.572085

（2）对行进行切片，返回前三行。代码如下。

```
### 对行进行切片
df[0:3]
```

代码输出结果。

	A	B	C	D
2030-01-31	-0.168655	0.587590	0.572301	-0.031827
2030-02-28	0.689585	0.998266	1.164690	0.475975
2030-03-31	0.767534	-0.940617	0.227255	-0.341532

（3）按名称选择行和列。loc[] 函数用于按名称选择行和列。逗号前的值代表行，逗号后的值代表列。需要使用方括号来选择多列。代码如下。

```
## 多列
df.loc[:,['A','B']]
```

代码输出结果。

	A	B
2030-01-31	-0.168655	0.587590
2030-02-28	0.689585	0.998266
2030-03-31	0.767534	-0.940617
2030-04-30	0.557299	0.507350
2030-05-31	-1.547836	1.276558
2030-06-30	0.511551	1.572085

还可以使用 iloc[] 方法选择 pandas 中的多行和多列。此方法使用索引而不是列名。下面的代码将返回与上面相同的二维数组。

```
df.iloc[:, :2]
```

代码输出结果。

	A	B
2030-01-31	−0.168655	0.587590
2030-02-28	0.689585	0.998266
2030-03-31	0.767534	−0.940617
2030-04-30	0.557299	0.507350
2030-05-31	−1.547836	1.276558
2030-06-30	0.511551	1.572085

（4）使用 **df.drop()** 删除列。代码如下。

```
df.drop(columns=['A', 'C'])
```

代码输出结果。

	B	D
2030-01-31	0.587590	−0.031827
2030-02-28	0.998266	0.475975
2030-03-31	−0.940617	−0.341532
2030-04-30	0.507350	−0.296035
2030-05-31	1.276558	0.523017
2030-06-30	1.572085	−0.594772

（5）合并多个数据集。可以使用 **pd.concat()** 连接 2 个 DataFrame。

首先，需要创建 2 个 DataFrame。代码如下。

```
import numpy as np
df1 = pd.DataFrame({'name': ['John', 'Smith', 'Paul'],
                    'Age': ['25', '30', '50']},index=[0, 1, 2])
df2 = pd.DataFrame({'name': ['Adam', 'Smith'],
                    'Age': ['26', '11']},index=[3, 4])
```

然后，将 2 个 DataFrame 连接起来。代码如下。

```
df_concat = pd.concat([df1,df2])
df_concat
```

代码输出结果。

	Age	name
0	25	John
1	30	Smith
2	50	Paul
3	26	Adam
4	11	Smith

（6）删除重复项。如果数据集包含重复信息，使用 drop_duplicates() 函数可以很容易地删除重复项。

实例 "Smith" 在 "name" 列中出现了 2 次，删除一个。代码如下。

```
df_concat.drop_duplicates('name')
```

代码输出结果。

```
Age                      name
025                      John
130                      Smith
250                      Paul
326                      Adam
```

（7）排序。可以使用 sort_values() 函数对值进行排序。代码如下。

```
df_concat.sort_values ('age')
```

代码输出结果。

```
Age                      name
411                      Smith
025                      John
326                      Adam
130                      Smith
250                      Paul
```

（8）重命名。使用 rename() 函数来重命名 pandas 中的列。它有 2 个参数，第 1 个值是当前列名，第 2 个值是新列名。代码如下。

```
df_concat.rename(columns={"name": "Surname", "Age": "Age_ppl"})
```

代码输出结果。

```
Age_ppl                  Surname
025                      John
130                      Smith
250                      Paul
326                      Adam
411                      Smith
```

（9）总结。使用 pandas 进行数据处理最常用的方法见表 8-2。

表 8-2　pandas 数据处理常用方法

方法名	方法描述
read_csv	导入 csv 格式的数据
Series	创建序列，如 Excel 的一行或一列
DataFrame	创建数据帧，如 Excel 的 sheet
date_range	日期序列
head	查看前面的数据
tail	查看后面的数据
describe	查看数据的相关统计信息
data_name[' 列名 ']	根据列名获取数据
data_name[0:5]	根据行号获取前 5 条数据

8.7 读取并写入数据

8.7.1 csv 数据

1. 读取 csv 数据

csv 文件用逗号来分隔数值，是常用的数据格式之一。

使用 pandas.read_csv() 读取 csv 文件，其参数如下：

（1）第 1 个参数为数据文件（必填）；

（2）第 2 个参数 header 表示数据文件的表头（可选），默认是第一行作为数据头。

读取 csv 数据代码如下。

```
import numpy as np
import pandas as pd
df = pd.read_csv('/work/2020/train.csv',header=0)
df.head()
```

输出结果如图 8-1 所示。

	PassengerId	Survived	Pclass	Name	Sex	Age	SibSp	Parch	Ticket	Fare	Cabin	Embarked
0	1	0	3	Braund, Mr. Owen Harris	male	22.0	1	0	A/5 21171	7.2500	NaN	S
1	2	1	1	Cumings, Mrs. John Bradley (Florence Briggs Th...	female	38.0	1	0	PC 17599	71.2833	C85	C
2	3	1	3	Heikkinen, Miss. Laina	female	26.0	0	0	STON/O2. 3101282	7.9250	NaN	S
3	4	1	1	Futrelle, Mrs. Jacques Heath (Lily May Peel)	female	35.0	1	0	113803	53.1000	C123	S
4	5	0	3	Allen, Mr. William Henry	male	35.0	0	0	373450	8.0500	NaN	S

图 8-1 输出结果（读取 csv 数据）

2. 写入数据到 csv

写入数据（包含表头与索引）到 csv。代码如下。

```
# 数据包含表头与索引
df.to_csv('/work/2020/test_df_to_csv_01.csv')
```

输出结果如图 8-2 所示。

	A	B	C	D	E	F	G	H
1		name	Age					
2	0	John	25					
3	1	Smith	30					
4	2	Paul	50					

图 8-2 输出结果（写入数据到 csv），数据包含表头与索引

写入数据（不包含表头与索引）到 csv。代码如下。

```
# 数据不包含表头与索引，一般用于比赛的数据提交格式
df.to_csv('/work/2020/test_df_to_csv_02.csv',header=None, index=False)
```

输出结果如图 8-3 所示。

	A	B	C	D	E	F	G
1	John	25					
2	Smith	30					
3	Paul	50					

图 8-3　输出结果（写入数据到 csv），数据不包含表头与索引

8.7.2　Excel 数据

1. 读取 Excel 数据

Excel 文件是传统的数据格式，但面对海量数据时，用编程的方法来处理数据更有优势。类似于 csv 文件，可以使用 pandas.read_excel() 来读取 Excel 文件。其参数如下。

（1）第 1 个参数：数据文件（必填）。

（2）第 2 个参数 header：数据文件的表头（可选），默认是第一行作为数据头。

（3）第 3 个参数 sheet_name：Excel 对应的 sheet（可选），默认是所有的 sheet。

读取 Excel 数据代码如下。

```
import numpy as np
import pandas as pd
df = pd.read_excel('/work/2020/train.xls',sheet_name='train',header=0)
df.head()
```

输出结果如图 8-4 所示。

	PassengerId	Survived	Pclass	Name	Sex	Age	SibSp	Parch	Ticket	Fare	Cabin	Embarked
0	1	0	3	Braund, Mr. Owen Harris	male	22.0	1	0	A/5 21171	7.2500	NaN	S
1	2	1	1	Cumings, Mrs. John Bradley (Florence Briggs Th...	female	38.0	1	0	PC 17599	71.2833	C85	C
2	3	1	3	Heikkinen, Miss. Laina	female	26.0	0	0	STON/O2. 3101282	7.9250	NaN	S
3	4	1	1	Futrelle, Mrs. Jacques Heath (Lily May Peel)	female	35.0	1	0	113803	53.1000	C123	S
4	5	0	3	Allen, Mr. William Henry	male	35.0	0	0	373450	8.0500	NaN	S

图 8-4　输出结果（读取 Excel 数据）

2. 写入数据到 Excel

写入数据（包含表头与索引）到 Excel。代码如下。

```
# 数据包含表头与索引
df.to_excel('/work/2020/test_df_to_xls_01.xls')
```

输出结果如图 8-5 所示。

	A	B	C	D	E	F	G	H
1		name	Age					
2	0	John	25					
3	1	Smith	30					
4	2	Paul	50					

图 8-5　输出结果（写入数据到 Excel，数据包含表头与索引）

写入数据（不包含表头与索引）到 Excel。代码如下。

```
# 数据不包含表头与索引
df.to_excel('/work/2020/test_df_to_xls_02.xls',header=None, index=False)
```

输出结果如图 8-6 所示。

	A	B	C	D	E	F	G	H
1	John	25						
2	Smith	30						
3	Paul	50						

图 8-6　输出结果（写入数据到 Excel，数据不包含表头与索引）

8.8　pandas 实例

数据仓库是目前企业级 BI 分析的重要平台，尤其在互联网公司，每天都会产生数百吉字节的日志，如何从这些日志中发现数据的规律很重要。数据仓库是数据分析的重要工具，大公司每年都花费数百万元资金进行数据仓库的运维。数据仓库的设计，如图8-7 所示。

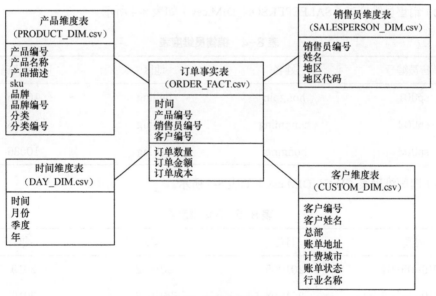

图 8-7　数据仓库的设计

（1）订单事实表（ORDER_FACT.csv）。

订单事实表有 3 个度量值（订单数量、订单金额和订单成本）；另外有 4 个度量维度，分别是时间、产品编号、销售员编号和客户编号，如表 8-3 所示。

表 8-3　订单事实表

时间	产品编号	销售员编号	客户编号	订单数量	订单金额	订单成本
2019-05-01	pd001	sp001	ct001	100	101	51
2019-05-01	pd001	sp002	ct002	100	101	51
2019-05-01	pd001	sp003	ct002	100	101	51
2019-05-01	pd002	sp001	ct001	100	101	51
2019-05-01	pd003	sp001	ct001	100	101	51
2019-05-01	pd004	sp001	ct001	100	101	51
2019-05-02	pd001	sp001	ct001	100	101	51
2019-05-02	pd001	sp002	ct002	100	101	51
2019-05-02	pd001	sp003	ct002	100	101	51
2019-05-02	pd002	sp001	ct001	100	101	51
2019-05-02	pd003	sp001	ct001	100	101	51
2019-05-02	pd004	sp001	ct001	100	101	51

（2）销售员维度表（SALESPERSON_DIM.csv）如表 8-4 所示。

表 8-4　销售员维度表

销售员编号	姓名	地区	地区代码
sp001	hongbin	beijing	10086
sp002	hongming	beijing	10086
sp003	hongmei	beijing	10086

（3）时间维度表（DAY_DIM.csv）如表 8-5 所示。

表 8-5　时间维度表

时间	月份	季度	年
2019-05-01	201905	2019q2	2019
2019-05-02	201905	2019q2	2019
2019-05-03	201905	2019q2	2019
2019-05-04	201905	2019q2	2019
2019-05-05	201905	2019q2	2019

（4）客户维度表（CUSTOM_DIM.csv）如表8-6所示。

表8-6　客户维度表

客户编号	客户姓名	总部	账单地址	计费城市	账单状态	行业名称
ct001	custom_john	beijing	zgx-beijing	beijing	all	internet
ct002	custom_herry	henan	shlinjie	shangdang	all	internet

（5）产品维度表（PRODUCT_DIM.csv）如表8-7所示。

表8-7　产品维度表

产品编号	产品名称	产品描述	sku	品牌	品牌编号	分类	分类编号
pd001	Box-Large	Box-Large-des	large1.0	brand001	brand-code001	Packing	cate001
pd002	Box-Medium	Box-Medi-um-des	medium1.0	brand001	brand-code001	Packing	cate001
pd003	Box-small	Box-small-des	small1.0	brand001	brand-code001	Packing	cate001
pd004	Evelope	Evelope_des	large3.0	brand001	brand-code001	Pens	cate002

关于商品订单的统计需求，用 pandas 实现。

（1）统计 2019-05-01 到 2019-05-02 所有的订单数。

（2）统计 2019-05-01 到 2019-05-15 期间每天的订单数量、订单金额和订单成本。

（3）统计 2019-05-01 到 2019-05-02 各个销售员的销售订单数。

答案：

步骤 1：导入包。代码如下。

```
import pandas as pd
import numpy as np
```

步骤 2：读取 csv 数据。代码如下。

```
''' 订单事实表、日期维度表、销售员维度表 '''
order_fact = pd.read_csv(r'/work/2020/data/ORDER_FACT.csv')
day_dim = pd.read_csv(r'/work/2020/data/DAY_DIM.csv')
salesperson_dim = pd.read_csv(r'/work/2020/data/SALESPERSON_DIM.csv')
```

步骤 3：统计 2019-05-01 到 2019-05-02 所有的订单数。代码如下。

```
df = pd.merge(order_fact, day_dim, on=[' 时间 '])
df1 = df.groupby(' 时间 ').sum()
df2 = df1['2019-05-01':'2019-05-02'].loc[:,[' 订单数量 ']]
df2.reset_index()
```

步骤 4: 输出结果。代码如下。

	时间	订单数量
0	2019-05-01	600
1	2019-05-02	600

步骤 5: 统计 2019-05-01 到 2019-05-15 期间每天的订单数量、订单金额和订单成本。代码如下。

```
df = pd.merge(order_fact, day_dim, on=[' 时间 '])
df1 = df.groupby(' 时间 ').sum()
df2 = df1['2019-05-01':'2019-05-15'].loc[:,[' 订单数量 ',' 订单金额 ',' 订单成本 ']]
df2.reset_index()
```

步骤 6: 输出结果。代码如下。

	时间	订单数量	订单金额	订单成本
0	2019-05-01	600	606	306
1	2019-05-02	600	606	306

步骤 7: 统计 2019-05-01 到 2019-05-02 各个销售员的销售订单数。代码如下。

```
df = pd.merge(order_fact,salesperson_dim,on=[' 销售员编号 '])
df1 = df.groupby(by=[' 时间 ',' 销售员编号 ']).agg([np.sum])
df2 = df1['2019-05-01':'2019-05-02'].loc[:,' 订单数量 ']
df3 = df2.rename(columns={'sum':' 销售订单数 '})
df3.reset_index(level=[0,1])
```

输出结果如表 8-8 所示。

表 8-8 输出结果

	时间	销售员编号	销售订单数
0	2019-05-01	sp001	400
1	2019-05-01	sp002	100
2	2019-05-01	sp003	100
3	2019-05-02	sp001	400
4	2019-05-02	sp002	100
5	2019-05-02	sp003	100

Python

第 9 章

Matplotlib

Matplotlib 是一个综合库，用于使用 Python 解决实际问题时，创建静态、动态或交互式图像。

9.1 安装 Matplotlib 并查看版本

1. 安装 Matplotlib

安装命令如下所示。

```
python -m pip install -U pip
python -m pip install -U matplotlib
```

2. 查看 Matplotlib 版本

查看版本命令如下所示。

```
>>> import matplotlib
>>> matplotlib.__version__
'3.3.0'
>>>
```

9.2 绘制折线图

使用 plot() 函数绘制折线图，语法如下。

```
plot([x], y, [fmt], *, data=None, **kwargs)
```

部分参数含义如下。

x：横轴变量名。

y：纵轴变量名。

fmt：格式参数集合，可以使用关键字参数对单个属性赋值。

data：参数可以使用所有可被索引的对象数据类型，如字典、DataFrame 和 narray 等。

实例 1 绘制一条简单折线，代码如下。

```
import matplotlib.pyplot as plt
# 1．创建一个包含单个轴的图形
fig, ax = plt.subplots()
# 2．基于 x、y 轴的数据
x = [1, 2, 3, 4]
y = [1, 4, 2, 3]
# 3．坐标轴上绘制图
ax.plot(x,y)
```

输出结果如图 9-1 所示。

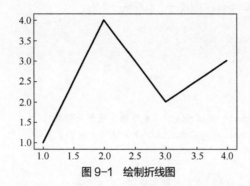

图 9-1 绘制折线图

实例 2 绘制空图，代码如下。

```
fig = plt.figure()  # 没有轴的空图
fig, ax = plt.subplots()  # 带有单个轴的图形，如图 9-2 的上半部分
fig, axs = plt.subplots(2, 2)  # 带有 2×2 轴网格的图，如图 9-2 的下半部分
```

输出结果如图 9-2 所示。

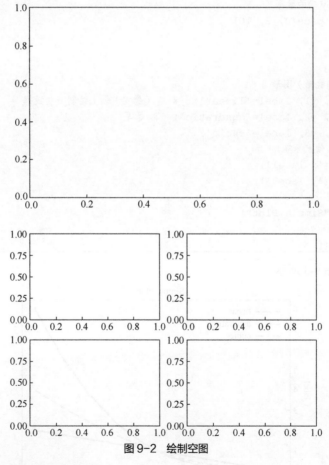

图 9-2 绘制空图

实例 3 线性回归方程的绘制。

第一种方法，代码如下。

```
#1. 创建一个包含单个轴的图形
fig, ax = plt.subplots() # 创建一个图形和一个轴
#2. 基于x、y轴的数据
x = np.linspace(0, 2, 10)
y1 = x
y2 = x ** 2
y3 = x ** 3
#3. 在轴上绘图
ax.plot(x, y1, label ='linear') # 在轴上绘制一些数据
ax.plot(x, y2, label ='quadratic') # 在轴上绘制更多数据
ax.plot(x, y3, label ='cubic')
#4. 设置轴上标签
ax.set_xlabel('x label') # 在轴上添加一个 x 标签
ax.set_ylabel('y label') # 在轴上添加 y 标签
#5. 设置标题
ax.set_title("Simple Plot") # 向轴添加标题
#6. 添加图例
ax.legend()
```

第二种方法,代码如下。

```
#1. 基于x、y轴的数据
x = np.linspace(0, 2, 10)
y1 = x
y2 = x ** 2
y3 = x ** 3
#2. 创建(隐式轴)图形
plt.plot(x, y1, label='linear')   # 在(隐式)轴上绘制一些数据
plt.plot(x, y2, label='quadratic')   # 等等
plt.plot(x, y3, label='cubic')
#3. 设置隐式轴上标签
plt.xlabel('x label')
plt.ylabel('y label')
#4. 设置标题
plt.title("Simple Plot")
#5. 添加图例
plt.legend()
```

输出结果如图 9-3 所示。

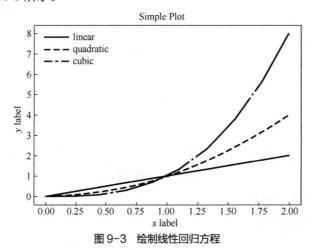

图 9-3　绘制线性回归方程

9.3 绘制柱状图

使用 bar() 函数绘制柱状图，语法如下。

```
bar (left, height, width = 0.8, bottom = None, *, align = 'center', data = None, ** kwargs)
```

部分参数含义如下。

left：x 轴数值序列，一般使用 range() 函数产生一个序列，也可以是字符串。

height：y 轴数值序列，即柱状图的高度，通常是需要展示的数据。

width：柱形宽度。

bottom：底部柱形变量。

data：可以使用所有可被索引的对象数据类型，如字典、DataFame 和 narray 结构化数组等。

bar() 函数也可以使用关键字参数，常用的关键字参数如下。

color 或 facecolor：柱形填充的颜色。

edgecolor：柱形边框颜色。

label：解释每个图形代表的含义，表示柱形的标签。

linewidth 或 lw：柱形边框宽度。

实例 1 绘制某公司 4 个部门一季度亏损情况的柱状图。代码如下。

```python
import numpy as np
import matplotlib.pyplot as plt
# Windows 系统乱码解决方案
# plt.rcParams['font.sans-serif']=['SimHei'] #用来正常显示中文标签
# plt.rcParams['axes.unicode_minus']=False #用来正常显示负号
# MacOS 系统乱码解决方案
plt.rcParams['font.family'] = ['Arial Unicode MS'] #用来正常显示中文标签
plt.rcParams['axes.unicode_minus'] = False #用来正常显示负号


#1. 创建一个包含单个轴的图形
fig, ax = plt.subplots()
#2. 基于 x、y 轴的数据
x=['a','b','c','d']
y=[1,2,3,4]
#3. 轴上绘柱状图
ax.bar(x, y,label=' 部门 ')
#4. 设置轴上标签
ax.set_ylabel(' 亏损情况（万元）',fontsize=10)
ax.set_xlabel(' 部门 ',fontsize=10)
#5. 设置标题
ax.set_title(' 一季度各部门亏损情况 ',fontsize=10)
#6. 添加图例
ax.legend(loc='upper left')
#7. 设置坐标刻度
ax.set_yticks(np.arange(0,5,0.4))
plt.show()
```

输出结果如图 9-4 所示。

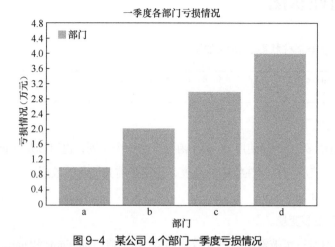

图 9-4　某公司 4 个部门一季度亏损情况

实例 2　绘制某公司 5 个部门，按照性别进行统计的考试成绩柱状图。代码如下。

```
import numpy as np
import matplotlib.pyplot as plt
# Windows 系统乱码解决方案
# plt.rcParams['font.sans-serif']=['SimHei'] # 用来正常显示中文标签
# plt.rcParams['axes.unicode_minus']=False # 用来正常显示负号
# MacOS 系统乱码解决方案
plt.rcParams['font.family'] = ['Arial Unicode MS'] # 用来正常显示中文标签
plt.rcParams['axes.unicode_minus'] = False # 用来正常显示负号
#1. 创建一个包含单个轴的图形
fig, ax = plt.subplots()
#2. 基于 x、y 轴的数据
x = ['G1','G2','G3','G4','G5']
y_men = [20,35,30,35,27]
y_women = [25,32,34,20,25]
men_std = [2,3,4,1,2]# 图上的黑线长度
women_std = [3,5,2,3,3]# 图上的黑线长度
#3. 轴上绘柱状图
ax.bar(x,y_men,yerr=men_std,label =' 男 ')
ax.bar(x,y_women,yerr=women_std,label =' 女 ')
#4. 设置轴上标签
ax.set_ylabel(' 分数 ')
ax.set_xlabel(' 部门 ')
#5. 设置标题
ax.set_title(' 按组别和性别划分的分数 ',fontsize=10)
#6. 添加图例
ax.legend(loc='upper left')
#7. 设置坐标刻度
ax.set_yticks(np.arange(0,50,5))
plt.show()
```

输出结果如图 9-5 所示。

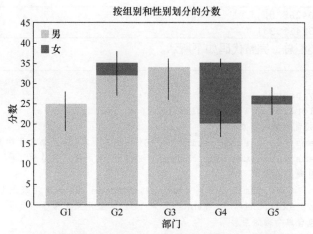

图9-5 某公司5个部门按照性别进行统计的考试成绩

实例3 绘制各个分类的百分比汇总图。

（1）数据加载，代码如下。

```
df = pd.read_excel(r'/Users/fangyong/work/data/ 实例 2- 分析结果 .xlsx')
df.head()
```

输出的分析结果如图9-6所示。

图9-6 分析结果

上班时间是 9：00—17：00，加班处理率是指非上班时间处理的订单数占处理的订单总数的比重，若有 10 个订单，9：00—17：00 处理了 8 个，则加班处理率为 0.2。星期一处理率是指星期一处理的订单数占一周（周一至周五）处理的订单总数的比重。

（2）分类数据统计，代码如下。

```
x = ['PC 其他用品占比 ','PC 主机占比 ',' 办公家具占比 ',' 打印机占比 ',' 电气化产品占比 ']
df = df.loc[:,x]
y = df.sum().to_list()
```

输出结果如下。

```
[115.11540304519076,
 9.625233994821492,
 1.0606449892756018,
```

```
52.69464840428835,
14.647955532411533]
```

（3）销售分类汇总，完整代码如下所示。

```
#coding:utf-8
import numpy as np
import matplotlib.pyplot as plt
# Windows 系统乱码解决方案
# plt.rcParams['font.sans-serif']=['SimHei'] #用来正常显示中文标签
# plt.rcParams['axes.unicode_minus']=False #用来正常显示负号
# MacOS 系统乱码解决方案
plt.rcParams['font.family'] = ['Arial Unicode MS'] #用来正常显示中文标签
plt.rcParams['axes.unicode_minus'] = False #用来正常显示负号
#1. 创建一个包含单个轴的图形
fig, ax = plt.subplots()
#2. 基于 x、y 轴的数据
x = ['PC 其他用品占比 ','PC 主机占比 ',' 办公家具占比 ',' 打印机占比 ',' 电气化产品占比 ']
y = [115.11,9.62,1.0606449892756018,52.69,14.64]
std = [2, 3, 4, 1, 2]
#3. 轴上绘柱状图
ax.bar(x, y, yerr=std, label=u' 分类 ')
#4. 设置轴上标签
ax.set_xlabel(u' 销售分类 ')
ax.set_ylabel(u' 分类百分比 ')
#5. 设置标题
ax.set_title(' 销售分类汇总表 ',fontsize=10)
#6. 添加图例
ax.legend(loc='upper right')
#7. 设置坐标刻度
ax.set_yticks(np.arange(0,120,10))
ax.set_xticklabels(x, rotation=90)
plt.show()
```

输出结果如图 9-7 所示。

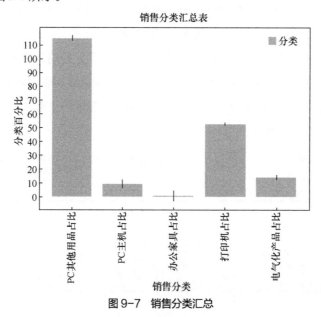

图 9-7　销售分类汇总

实例 4 绘制各个分类的销售额汇总图。

（1）数据加载，代码如下。

```
df = pd.read_excel(r'/Users/fangyong/work/data/ 实例 2- 分析结果 .xlsx')
cols = [' 销售额 ','PC 其他用品占比 ','PC 主机占比 ',' 办公家具占比 ',' 打印机占比 ',' 电
气化产品占比 ']
x = ['PC 其他用品占比 ','PC 主机占比 ',' 办公家具占比 ',' 打印机占比 ',' 电气化产品占比 ']
df = df.loc[:,cols]

df['PC 其他用品销售额 '] = df['PC 其他用品占比 '] * df[' 销售额 ']
df['PC 主机销售额 '] = df['PC 主机占比 '] * df[' 销售额 ']
df[' 办公家具销售额 '] = df[' 办公家具占比 '] * df[' 销售额 ']
df[' 打印机销售额 '] = df[' 打印机占比 '] * df[' 销售额 ']
df[' 电气化产品销售额 '] = df[' 电气化产品占比 '] * df[' 销售额 ']
y = [df['PC 其他用品销售额 '].sum(),df['PC 主机销售额 '].sum(),
     df[' 办公家具销售额 '].sum(),df[' 打印机销售额 '].sum(),
     df[' 电气化产品销售额 '].sum()]
```

输出结果如下。

```
[646260170.0, 49518500.0, 5019100.0, 266255790.00000006, 74599340.0]
```

（2）完整代码如下所示。

```
#coding:utf-8
import numpy as np
import matplotlib.pyplot as plt
# Windows 系统乱码解决方案
# plt.rcParams['font.sans-serif']=['SimHei'] #用来正常显示中文标签
# plt.rcParams['axes.unicode_minus']=False #用来正常显示负号
# MacOS 系统乱码解决方案
plt.rcParams['font.family'] = ['Arial Unicode MS'] #用来正常显示中文标签
plt.rcParams['axes.unicode_minus'] = False #用来正常显示负号
#1. 创建一个包含单个轴的图形
fig, ax = plt.subplots()
#2. 基于 x、y 轴的数据
x = ['PC 其他用品占比 ','PC 主机占比 ',' 办公家具占比 ',' 打印机占比 ',' 电气化产品占比 ']
y = [646260170.0, 49518500.0, 5019100.0, 266255790.00000006, 74599340.0]
std = [2, 3, 4, 1, 2]
#3. 轴上绘柱状图
ax.bar(x, y, yerr=std, label=u' 销售分类 ')
#4. 设置轴上标签
ax.set_xlabel(u' 销售分类 ')
ax.set_ylabel(u' 分类金额 ')
#5. 设置标题
ax.set_title(' 销售分类金额汇总表 ',fontsize=10)
#6. 添加图例
ax.legend(loc='upper right')
#7. 设置坐标刻度
ax.set_yticks(np.arange(0,800000000,50000000))
ax.set_xticklabels(x, rotation=90)
plt.show()
```

输出结果如图 9-8 所示。

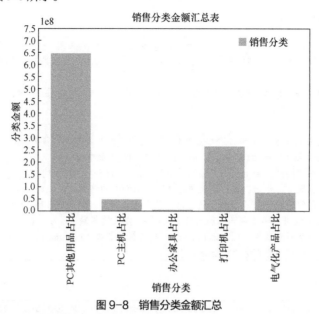

图 9-8　销售分类金额汇总

实例 5　绘制各个分类销售额 top3 的员工。

（1）数据加载，代码如下。

```
df = pd.read_excel(r'/Users/fangyong/work/data/ 实例 2- 分析结果 .xlsx')
df['PC 其他用品销售额 '] = df['PC 其他用品占比 '] * df[' 销售额 ']
df['PC 主机销售额 '] = df[ 'PC 主机占比 '] * df[' 销售额 ']
df[' 办公家具销售额 '] = df[' 办公家具占比 '] * df[' 销售额 ']
df[' 打印机销售额 '] = df[' 打印机占比 '] * df[' 销售额 ']
df[' 电气化产品销售额 '] = df[' 电气化产品占比 '] * df[' 销售额 ']
cols = [' 员工 ID','PC 其他用品销售额 ','PC 主机销售额 ',' 办公家具销售额 ',' 打印机销售额 ',
' 电气化产品销售额 ']
x = ['PC 其他用品销售额 ','PC 主机销售额 ',' 办公家具销售额 ',' 打印机销售额 ',' 电气化产
品销售额 ']
df1 = df[cols]
x_10 = df1.sort_values(['PC 其他用品销售额 '],ascending=False).head(3)[' 员工
ID'].to_list()
x_20 = df1.sort_values(['PC 主机销售额 '],ascending=False).head(3)[' 员工 ID'].
to_list()
x_30 = df1.sort_values([' 办公家具销售额 '],ascending=False).head(3)[' 员工
ID'].to_list()
x_40 = df1.sort_values([' 打印机销售额 '],ascending=False).head(3)[' 员工 ID'].
to_list()
x_50 = df1.sort_values([' 电气化产品销售额 '],ascending=False).head(3)[' 员工
ID'].to_list()
y_10 = df1.sort_values(['PC 其他用品销售额 '],ascending=False).head(3)['PC 其他
用品销售额 '].to_list()
y_20 = df1.sort_values(['PC 主机销售额 '],ascending=False).head(3)['PC 主机销售
额 '].to_list()
y_30 = df1.sort_values([' 办公家具销售额 '],ascending=False).head(3)[' 办公家具
销售额 '].to_list()
```

```
    y_40 = df1.sort_values(['打印机销售额'],ascending=False).head(3)['打印机销售额'].
to_list()
    y_50 = df1.sort_values(['电气化产品销售额'],ascending=False).head(3)['电气化
产品销售额'].to_list()
```

（2）完整代码如下所示。

```
#coding:utf-8
import numpy as np
import matplotlib.pyplot as plt
# Windows 系统乱码解决方案
plt.rcParams['font.sans-serif']=['SimHei'] #用来正常显示中文标签
plt.rcParams['axes.unicode_minus']=False #用来正常显示负号
# MacOS 系统乱码解决方案
plt.rcParams['font.family'] = ['Arial Unicode MS'] #用来正常显示中文标签
plt.rcParams['axes.unicode_minus'] = False #用来正常显示负号
#1. 创建一个包含单个轴的(1,5)网格图形，设置画布大小为(18, 3)
fig, axs = plt.subplots(1, 5, figsize=(24, 6), sharey=False)
#2. 基于 x、y 轴的数据
x_10 = ['S0223', 'S0191', 'S0166']
x_20 = ['S0014', 'S0128', 'S0233']
x_30 = ['S0271', 'S0229', 'S0018']
x_40 = ['S0294', 'S0018', 'S0044']
x_50 = ['S0041', 'S0014', 'S0044']
y_10 = [6684799.99, 6086800.00, 5837300.00]
y_20 = [1414200.00, 1101200.00, 1069299.99]
y_30 = [262700.00, 243700.00, 193200.00]
y_40 = [2468599.99, 2346500.00, 1996600.00]
y_50 = [1432199.99, 1241799.99, 1217900.00]
std = [2, 3, 4, 1, 2]
#3. 轴上绘柱状图
axs[0].bar(x_10, y_10)
axs[1].bar(x_20, y_20)
axs[2].bar(x_30, y_30)
axs[3].bar(x_40, y_40)
axs[4].bar(x_50, y_50)
#4. 设置轴上标签
axs[0].set_xlabel(u'员工')
axs[0].set_ylabel(u'销售额')
axs[1].set_xlabel(u'员工')
axs[1].set_ylabel(u'销售额')
axs[2].set_xlabel(u'员工')
axs[2].set_ylabel(u'销售额')
axs[3].set_xlabel(u'员工')
axs[3].set_ylabel(u'销售额')
axs[4].set_xlabel(u'员工')
axs[4].set_ylabel(u'销售额')
#5. 设置标题
axs[0].set_title(u'PC 其他用品 top3')
axs[1].set_title(u'PC 主机 top3')
axs[2].set_title(u'办公家具 top3')
```

```
axs[3].set_title(u' 打印机 top3')
axs[4].set_title(u' 电气化产品 top3')
#7. 设置坐标刻度
for ax in axs:
    for tick in ax.get_xticklabels():
        tick.set_rotation(55)
plt.show()
```

输出结果如图 9-9 所示。

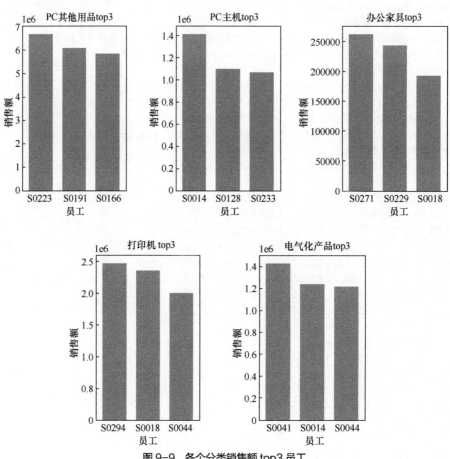

图 9-9　各个分类销售额 top3 员工

第 10 章

人工智能

10.1　人工智能领域

如今，人工智能已成为流行词，尽管这个术语并不新鲜。1956 年，一群拥有不同背景的专家决定组织有关 AI 的夏季研究项目。4 个人领导了这个项目，他们分别是来自达特茅斯学院的约翰·麦卡锡（John McCarthy），来自哈佛大学的马文·明斯基（Marvin Minsky），来自 IBM 的纳撒尼尔·罗切斯特（Nathaniel Rochester）和来自贝尔电话实验室的克劳德·香农（Claude Shannon）。该研究项目是基于"学习的各个方面或任何其他智能特征原则上可以被精确地描述，从而可以使用机器来对其进行仿真"这样一个推断。

图 10-1　人工智能领域

人工智能的领域相对较广泛，机器学习是其中的一个子领域，而深度学习是机器学习的一个子领域，如图 10-1 所示。

10.2　机器学习

机器学习研究的是计算机如何模拟人的学习行为，自动获取知识和技能，不断完善自身性能。

机器学习将数据与统计工具结合起来以预测输出。机器学习与数据挖掘和贝叶斯预测模型密切相关。机器接收数据作为输入，通过算法得到答案。

机器学习可以基于用户的历史数据向用户做有针对性的推荐，科技公司正在使用机器学习算法通过个性化推荐来改善用户体验。

机器学习还用于各种任务，例如，欺诈检测、预测性维护、资产组合优化、任务自动化等。

10.2.1　机器学习的应用

自动化：机器学习可以在任何领域中自主进行，无须任何人工干预。例如，机器人执行制造工厂中的基本处理步骤。

金融行业：机器学习在金融行业越来越受欢迎。银行主要使用机器学习来构建内部的数据模型，如信用卡欺诈模型。

政府机构：政府机构利用机器学习来管理公共安全和公共事业。

医疗行业：医疗行业是最早将机器学习与图像检测结合使用的行业。

市场营销：得益于对数据的大量访问，在市场营销中广泛使用了机器学习。在海量数据时代来临之前，研究人员开发了高级数学工具，例如，用贝叶斯分析估算客户价值。随着大数据的繁荣，营销部门依靠机器学习来优化客户关系和营销方案。

10.2.2 机器学习与传统编程

机器学习与传统编程有显著不同。

传统编程如图 10-2 所示，每个规则都基于逻辑基础，当系统变得复杂时，需要编写更多规则，维护变得不可持续。

例如，有这么一道题，已知 $y = 3x+1$，当 $x = 1$、2、3 时，$y = ?$

答案如下：

当 $x=1$ 时，$y= 3 \times 1+1 =4$；

当 $x =2$ 时，$y= 3 \times 2+1 =7$；

当 $x =3$ 时，$y= 3 \times 3+1 =10$。

机器学习根据输入和输出数据之间的关联编写规则。当有新数据时，不需要再次编写规则，已有规则适用于新数据，这样可以提高效率，如图 10-3 所示。

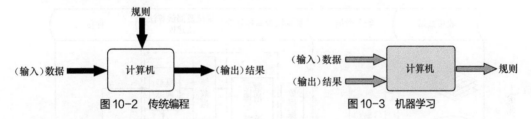

图 10-2　传统编程　　　　　　　　图 10-3　机器学习

例如，有这么一道题，

已知，$y = ax+b$

当 $x =1$ 时，$y =4$；

当 $x =2$ 时，$y =7$；

当 $x =3$ 时，$y =10$；

求当 $x =6$ 时，$y = ?$

此时的解题思路为：

① 求解 a，b 两个未知参数，结果是 $a = 3$，$b=1$；

② 当 $x=6$ 时，$y = 3x+1 = 19$。

这就是机器学习，用历史数据求规则。

10.2.3 机器学习如何工作

机器学习的工作方式与人类相似。人类从经验中学习。我们知道的越多，就越容易预测结果。以此类推，当我们面对未知情况时，我们对结果预测的准确性就会降低。机器也是如此，为了做出准确的预测，机器会根据以往的数据进行推断，当我们给机器一个类似的例子时，它可以算出结果。但是，如果是以前未曾见过的例子，则机器很难预测出结果。

机器学习的核心目标是学习和推理。机器通过数据来学习，我们需要仔细选择提供给机器的数据。机器学习过程如图 10-4 所示。

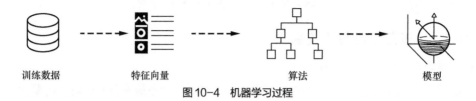

训练数据　　　　特征向量　　　　　　算法　　　　　　模型

图 10-4　机器学习过程

10.2.4　机器学习流程

机器学习是一个流程性很强的工作（所以很多人会用 PipeLine 来形容），包括数据采集、数据清洗、数据预处理、特征工程、模型调优、模型融合、模型验证、模型持久化等步骤。

而在这些基本的步骤内，又存在很多细分内容，比如数据采集可以通过爬虫、数据库及 API 等获取；数据清洗要注意处理缺失值和异常值；特征工程更是复杂多样，如图 10-5 所示。

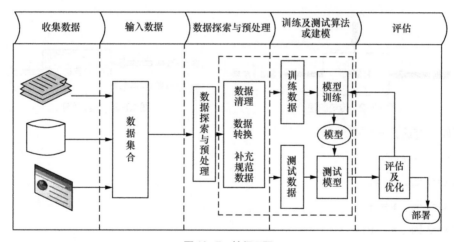

图 10-5　特征工程

1. 数据采集

不同的数据采集方法在应用场景、数据要求、运行速度上各有优劣，但有一点不变的是，数据越多越好。我们可以通过增加数据维度与数据量使数据采集达到更好的结果。

爬虫：通常在个人项目、公司资源不足以提供数据、原始数据不足需要扩展数据的情况下使用较多，比如根据时间获取天气数据。

数据库：通过公司自身的数据库保存数据，这种数据采集方法更加可控，也更加自由灵活。

API：现在有很多公开的数据集，一些组织也提供开放的 API 让用户来获取相关数据，这种数据采集方法的优点是数据通常更加规范。

2. 数据清洗

数据清洗更多是针对通过类似爬虫这种方式获取的数据，这种方式获取的数据通常没有一个规范的格式。因此，我们需要对数据进行清洗，工作量巨大。

清洗方向如下。

检查数据合理性：如爬到的数据是否满足需求。

检查数据有效性：爬到的数据量是否足够大，以及是否都是相关数据。

3. 数据预处理

即便数据都在手上，但人为、软件及业务等因素导致的异常数据还是比较多的，比如性别数据的缺失、年龄数据的异常（负数或者超大的数）。大多数模型对数据都有基本要求，而异常数据对模型是有影响的，因此通常都需要对数据进行预处理。

（1）缺失处理。

bug 导致数据缺失：这种缺失通常比较少见，一般都需要进行某种方式的填充。

正常业务导致数据缺失：如性别字段本身就是可以不填的，那么性别数据就存在缺失，且这种数据的缺失可能是大量的，这里就要评估该字段的重要性以及缺失率，再考虑是填充，还是丢弃。

（2）异常处理。

绝对异常：比如人的年龄为 200 岁，这个数据在什么场景下都是异常的。

统计异常：比如某个用户一分钟内登录了系统 100 次，虽然每一次登录数据看着都是正常的，但是统计起来发现数据是异常的（可能是脚本在自动操作）。

上下文异常：比如冬天的北京，晚上温度为 30℃，虽然数据是正常的，但是与当前的日期、时间一关联，发现数据是异常的。

4. 特征工程

特征工程决定了机器学习的上限，模型只是逼近这个上限。

这绝对不是一句空话，从目前 Kaggle 上各个比赛的结果来看，基本胜负都是出在特征工程上，我认为这一点也是机器学习中最重要，最难的部分，它并不是技术上的难，而是经验上的难。一个经验丰富的 Kaggle 参赛者在看到项目、数据的同时，脑子里已经有了特征工程的雏形，这可以帮助他很快地得到一个不错的分数，而后续的优化上，经验也是最重要的参考。

（1）特征构建。

特征组合：例如组合日期、时间两个特征，构建为上班时间（工作日的工作时间为 1，其他为 0）特征。特征组合的目的通常是获得更具有表达力、信息量的新特征。

特征拆分：将业务上复杂的特征拆分开，比如将登录特征，拆分为多个维度的登录次数统计特征。拆分的优点有两个，一个是从多个维度表达信息，另一个是多个特征可以进行更多的组合。

外部关联特征：例如，通过时间信息关联到天气信息，这种做法是很有意义的。

天气数据不是原始数据集的，这样相当于丰富了原始数据。通常来讲会得到一个比仅仅使用原始数据更好的结果，不仅是天气，很多信息都可以这样关联（比如在一次 Kaggle 比赛中出现的房屋预测问题上，可以通过年份关联到当时的一些地方政策、国际大事等，如金融危机）。

（2）特征选择。

特征自身的取值主要通过方差过滤法分布，如性别特征中有 1 000 个数据，999 个是男的，1 个是女的，这种特征过于偏斜，因此无法对结果起到足够的帮助。

特征与目标的相关性可以通过皮尔逊系数、信息熵增益等来判断。如果一个特征与目标的变化是高度一致的，那么特征对于预测目标具有很大的指导意义。

5. 模型调优

同一个模型不同参数下的表现天差地别，通常在特征工程结束后，就进入模型参数调优的步骤，这一步也是最无聊、最耗时间的（我家的计算机经常运行一晚上）。由于 Kaggle 上的个人项目一般都是在家做的，因此一个好的技巧还是比较实用的。

调参的工具选择上一般是 GridSearch。调参顺序上，建议先是重要的、影响大的参数，然后是没那么重要的、影响小的参数。随机森林作为集成方法中常用的模型之一，通常第一个调的是 n_estimator，即树的个数，其次是学习率，再次是 max_feature，这 3 个都是随机森林自身的参数，后面可以细调每棵树的参数，比如最小分裂样本数等。

6. 模型融合

一般来讲，任何一个模型在预测上都无法达到一个很好的结果，这是因为单个模型无法拟合所有数据，不具备对所有未知数据的泛化能力，因此需要对多个模型进行融合，这一点在 Kaggle 上体现得也很明显，Kaggle 竞赛中好的排名基本都用了模型融合。融合方式有以下 3 种。

（1）简单融合。

分类问题：投票法融合，不考虑单个模型自身的得分。

回归问题：假设每个模型权重一致，计算融合结果。

（2）加权融合。

基本同简单融合，区别是考虑每个模型自身的得分，得分高的权重大。

（3）使用模型进行融合。

将多个单模型的输出作为输入送入某个模型中，让模型去做融合，通常可以达到最好的效果，但要注意过拟合问题。

7. 模型验证

通过交叉验证对模型性能进行检验，通常这里都是一致的做法，但需要注意的是，在预测时间序列数据上，不能随机地划分数据，而是要考虑时间属性，因为很多特征都依赖于时间关系，利用了趋势。

8. 模型持久化

最好将得到的模型持久化保存到磁盘，方便后续使用。优化时，不需要从头开始。

9. 预测

构建模型后，可以预测其在从未见过的数据上的功能。新数据被转换成特征向量后，经过训练好的模型得出预测结果，无须更新规则或再次训练模型。使用先前训练的模型来预测新数据，如图10-6所示。

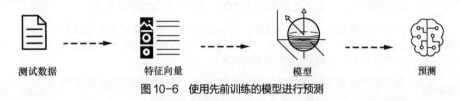

测试数据　　　　　特征向量　　　　　　模型　　　　　　预测

图10-6　使用先前训练的模型进行预测

10.2.5　机器学习程序的生命周期

机器学习程序的生命周期，可归纳如下。

（1）定义问题。

（2）收集数据。

（3）可视化数据。

（4）训练算法。

（5）测试算法。

（6）收集反馈。

（7）完善算法。

（8）循环（4）～（7），直到结果令人满意为止。

（9）使用模型进行预测。

一旦算法得出预期的正确的结论，就可将该模型应用于新的数据集。

10.3　监督学习和无监督学习

10.3.1　监督学习

一种算法，使用训练数据，来给定输入与输出的关系。例如，从业人员可以使用营销费用和天气预报作为输入数据来预测罐头的销售。当输出数据已知时，您可以使用监督学习算法。该算法将预测新数据。

监督学习分为两类：分类任务与回归任务。

举个例子：

预测明天的气温，这是一个回归任务；

预测明天是阴、晴还是雨，就是一个分类任务。

1. 监督学习算法

监督学习算法如表 10-1 所示。

表 10-1　监督学习算法

算法名称	描述	类型
线性回归	寻找一种将每个要素与输出相关联的方法，以帮助预测未来的价值	回归
逻辑回归	用于分类任务的线性回归的扩展。输出变量是二分类的（例如，仅黑色或白色），而不是连续的（例如，无限数量的潜在颜色）	分类
决策树	高度可解释的分类或回归模型，可将数据特征值在决策节点处拆分为分支（例如，如果特征是一种颜色，则每种可能的颜色都将成为一个新分支），直到做出最终决策为止	回归、分类
朴素贝叶斯	贝叶斯方法是利用贝叶斯定理的分类方法。该定理以可能影响事件的每个特征的独立概率来更新事件的先验知识	回归、分类
支持向量机	支持向量机（SVM）通常用于分类任务。SVM 算法找到一种最优划分类别的超平面，最好与非线性求解器一起使用	回归（不是很常见）、分类
随机森林	该算法建立在决策树上，可以大大提高准确性。随机森林生成许多次简单的决策树，并使用"多数投票"方法来决定返回哪个标签。对于分类任务，最终预测将是投票最多的预测。而对于回归任务，所有树木的平均预测是最终预测	回归、分类
AdaBoost	分类或回归技术，使用多种模型来做出决策，但会根据其在预测结果中的准确性对其进行权衡	回归、分类

2. 回归问题的应用场景

回归问题通常是用来预测一个值，如预测房价、未来的天气情况等，例如，一个产品的实际价格为 500 元，通过回归分析预测值为 499 元，我们认为这是一个比较好的预测结果。一个比较常见的回归算法是线性回归算法（LR）。另外，回归分析用在神经网络上，其最上层是不需要加上 softmax 函数的，而是直接对前一层进行累加。回归是对真实值的一种逼近预测。

3. 分类问题的应用场景

分类问题是用于将事物打上一个标签，结果通常为离散值。分类通常是建立在回归之上的，分类的最后一层通常要使用 softmax 函数对其所属类别进行判断。例如，判断一幅图片上的动物是一只猫还是一只狗，分类并没有逼近的概念，最终结果只有一个。最常见的分类方法是逻辑回归，或者叫逻辑分类。

逻辑回归：$y=\text{sigmoid}(w'x)$;

线性回归：$y=w'x$;

逻辑回归比线性回归多了一个 sigmoid 函数，$\text{sigmoid}(x)=1/(1+\exp(-x))$，其实就是对 x 进行归一化操作，使得 $\text{sigmoid}(x)$ 位于 0 ~ 1 范围内。

10.3.2　无监督学习

在无监督学习中，算法无须明确输出变量即可浏览输入数据（例如，浏览客户人口统计数据以识别模式）。

当不知道如何对数据进行分类，并且希望算法为您找到模式并对数据进行分类时，可以使用无监督学习算法。无监督学习算法如表 10-2 所示。

表 10-2　无监督学习算法

算法名称	描述	类型
K 均值聚类	将数据分为几组（k），每组包含具有相似特征的数据（由模型确定，而不是由人类事先确定）	聚类
高斯混合模型	K 均值聚类的一般化，可在组的大小和形状（簇）中提供更大的灵活性	聚类
层次聚类	沿着层次树拆分群集以形成分类系统； 可用于集群会员卡客户	聚类
推荐系统	帮助定义相关数据以提出建议	聚类
PCA / T-SNE	通常用于降低数据的维数。该算法将特征数量减少到具有最大方差的 3 或 4 个向量	降维

10.4　2020 年 19 个最佳 AI 聊天机器人

AI 聊天机器人是一款以自然语言模拟用户对话的软件，在网站上提供 7 × 24 小时的服务，可以提高用户的响应率。AI 聊天机器人可以节省客户的时间，并提高客户满意度。

以下是具有流行和最新功能的 AI 聊天机器人介绍。

（1）多聊。

多聊是脸书上的一个机器人平台，用于电子商务。它通过简化营销手段（例如，获取潜在客户或发起活动）来帮助小型企业发展。

特征：

① 通过交互式和量身定制的内容与客户建立关系；

② 通过 Messenger 进行约会、销售产品、获取联系人详细信息并建立关系；

③ 通过简单和个性化的体验来转换销售线索；

④ 从基本模板开始，或通过拖放界面以更少的时间构建我们的机器人。

多聊可以连接到许多工具，包括 Google 表格、MailChimp、Shopify、Zapier、HubSpot 或 ConvertKit。

（2）Flow XO。

Flow XO 是用于构建聊天机器人的自动化软件，可帮助我们跨社交媒体平台、用不同的站点和应用程序与客户进行互动。

特征：

① 通过打招呼，可以虚拟地欢迎新访客访问电子商务网站；

② 通过询问简单问题并验证提供的答案来收集用户详细信息；

③ 聊天机器人可以回答简单的问题或链接到任何文章；

④ 我们可以将讨论移交给实时聊天人员；

⑤ 它通过识别客户喜欢购买的特定服务或产品来接受付款；

⑥ 我们的漫游器可以在客户数据停留在站点时对其进行清洗和预过滤，以便获得更高质量的潜在客户。

（3）Amplify。

Amplify 是新一代的会话式人工智能工具，可在大量且不断扩展的对话界面中提供个性化的、持久的、基于消息的体验。

特征：

① 它提供品牌的虚拟助手；

② 易于创建和管理自己的品牌虚拟助手；

③ 它使用 AdLingo 对话营销平台在 Instagram 和 Facebook 上提供对话广告体验。

（4）Botsify。

Botsify 是一种工具，我们可以在其中轻松地在线创建自动聊天机器人。它可以帮助我们增加销售并降低成本。

特征：

① 它提供了一种混合解决方案，支持用户和客户代理之间的对话畅通无阻；

② 它提供对话表格，帮助聊天机器人收集客户的信息；

③ Botsify 支持 Facebook Messenger，可以随时随地发送消息；

④ 该工具是树状视图，层次清晰，可以更好地展示内容；

⑤ 实时聊天机器人可提高客户满意度和保留率；

⑥ 我们可以通过几个简单的步骤创建 Slackbot。

（5）Imperson。

Imperson 开发了聊天机器人解决方案，可通过对话自动完成客户旅程。这个对话机器人提供了真实的客户聊天体验。

特征：

① Imperson 会指导我们从设置聊天机器人目标到定义正确的个性和声音；

② 它具有对话导航器，该导航器根据用户意图、关系记忆和对话上下文来确定如何引导对话；

③ 该工具提供了一个完全托管的解决方案和一个具有实时洞察力的高级分析仪表板，可以提高性能。

（6）HubSpot。

HubSpot 聊天机器人构建器可提供客户支持，预定会议。它具有 200 多种集成，我们可以根据公司需要自定义其功能。

特征：

① 它提供了无限量的个性化对话；

② 不需要编写任何代码即可自行创建和自定义机器人；

③ 让我们的机器人更具人情味；

④ 我们可以添加联系人记录并管理销售线索；

⑤ 我们只需单击一下鼠标，即可将交易添加到 CRM 中；

⑥ 它提供电子邮件跟踪以了解我们的潜在客户；

⑦ 与 Gmail 和 Outlook 集成；

⑧ 生成可以与潜在客户共享的计划链接。

（7）Boost.ai。

Boost.ai 是一种自然语言处理工具，可让我们使用虚拟代理来增加客户体验。该工具提供 100 多个实时虚拟座席，1 000 多万个互动以及 1 000 多个认证的培训师。

特征：

① 通过快速涵盖从基本到复杂的与行业相关的问题，我们可以对多达 2 500 个查询的答案进行预培训；

② 它允许大规模创建动态、自然的交互；

③ 易于识别、引人注目的用例。

（8）Bold360。

Bold360 使企业能够交付更好的客户成果。它为客户提供了有价值的情报，使他们可以跨各个渠道实时工作。

特征：

① 它提供个性化的客户服务，以获得代理商和客户的更好体验；

② 该工具可帮助面对客户的员工更快地解决问题；

③ Bold360 可以随时提供所需的工具，因此代理商可以提供更好的体验；

④ 该工具可主动帮助客户跨渠道，帮助他们搜索所需内容并将其连接到代理商。

（9）Ada。

Ada 是一款由 AI 驱动的客户服务聊天机器人，可让我们的团队轻松快速地实现客户查询。

特征：

① 它为客户提供按需和多渠道参与；

② 使用适合其兴趣、信息和意图的内容自定义每个对话；

③ 该工具通过实时分析关键主题、数量趋势、客户查询等内容，来提升客户体验。

（10）Vergic。

Vergic 提供了一个易于集成的客户参与平台。它允许组织和品牌通过 AI / BOT 支持的语音、协作工具和消息传递工具与客户互动。

特征：

① 它具有"自动"对话框和工作流程；

② 该工具提供了 AI 和 BOT 集成，可在混合机器人概念中充当虚拟代理；

③ 我们可以通过 Skype、Slack、Facebook Messenger、Web 聊天或 IM 应用程序与客户进行交流；

④ 我们可以使用合适的插件提高工作效率。

（11）沃森助理。

沃森助理是一个应用程序，可将会话界面构建到任何设备、渠道或云中。

特征：

① 助手可以直接与 Facebook Messenger 或 Slack 集成；

② 该工具会为解决任何问题自动提供最佳路径；

③ 它提供了个性化体验的会话管理；

④ 该工具可以将对话升级为服务台工具中的人工代理，而不需要开发人员的任何支持。

（12）PandoraBot。

从简单的 DIY 解决方案到复杂的聊天机器人开发，PandoraBot 提供了一系列服务来满足我们的业务需求。

特征：

① 它具有开源的聊天机器人库；

② 它提供了沙箱开发及无限的沙盒消息。

（13）reply.ai。

reply.ai 使客户支持变得轻松而简单。

特征：

① 包含常见问题解答的 AI；

② 提供需要自定义工作流程的通用集成；

③ 不需要编码即可实现聊天；

④ 该工具提供了聊天机器人和代理之间的无缝交易；

⑤ 回复提供常见的互动，不需要代理协助；

⑥ 支持复印和 AI 文案写作，满足用户的自定义需求。

（14）Rulai。

Rulai 是一个提供预培训数据的工具。使用此工具，我们可以跟踪对话，并保留上下文以决定下一步应采取的行动。

特征：

① 它通过转移重复呼叫和实时聊天请求来简化客户支持；

② 更自然、灵活的对话；

③ 该工具可增加销售转化率。

（15）SnatchBot。

SnatchBot 帮助用户创建用于多通道消息传递的智能聊天机器人。该工具具有企业级安全性和强大的管理功能。

特征：

① 它使我们能够构建、连接和发布漫游器，可以与身处各地的用户进行交互；

② 该平台为所有人提供了智能聊天机器人的快速开发功能；

③ 它可以帮助没有任何编码技能的人开发机器人或聊天机器人；

④ 设计对话实现操作，例如翻译、收款、发送收据等；

⑤ 该工具可让我们随时随地发布机器人。

（16）SAP 对话式 AI。

SAP 对话式 AI 允许客户创建和部署对话界面。它利用端到端平台和企业数字助理来帮助用户有效地管理采购、人力资源或差旅任务。

特征：

① 通过 AI 聊天机器人将对话变为行动，并提高员工的执行力、创新力和生产力；

② 通过专门为企业设计的聊天机器人实现客户服务自动化，从而提高客户保留率和收入；

③ 引导用户解答常见问题，并使用与 SAP 解决方案集成的 AI 聊天机器人执行简单的任务。

（17）Inbenta。

Inbenta 是一款企业级 AI 驱动的工具。它可以准确回答用户问题。该工具提供了一个对话框管理器，以自定义对话的流程和路径。

特征：

① 我们可以使用 CRM 集成和计费系统中的其他功能；

② Inbenta 提供了一种检测方法，用于捕获和存储相关信息；

③ 它根据检测到的单词动态地调整其行为；

④ 它为聊天机器人提供了自定义 3D 头像；

⑤ 具有高度的对话和上下文意识；

⑥ 它使用 webhooks 执行交易。

（18）Itsalive。

Itsalive 是一个聊天机器人制造商，它为所有人提供自动对话的能力。该工具提供了一个平台，可为品牌构建聊天机器人和服务。

特征：

① 轻松构建适合用户业务发展的聊天机器人；

② 可以构建、管理、优化和跟踪您的机器人性能；

③ 可以根据自己的需求和目标建立自动对话；

④ 它允许使用品牌策略来规划自己的聊天机器人；

⑤ 该工具提供了一个决策树, 可保持畅通无阻的对话;

⑥ 提供定制的集成和开发;

⑦ 具有讲故事和图形创作功能;

⑧ 具有测试和优化 UX 功能;

⑨ 与观众分享自己的聊天机器人并分析性能。

（19）Smartloop。

Smartloop 是一个聊天机器人平台, 可让我们使用会话式 AI 捕获高质量的线索, 并进行培养、分析以改善客户保留率。

特征:

① 通过一对一对话和共享有吸引力的内容来建立客户共鸣;

② 使用 Smartloop, 可以提升 40%以上的点击率;

③ 它提供了一种与客户互动的有趣方式;

④ 可以使用自动消息来增加销售量或重新吸引潜在客户;

⑤ 可以分析用户对话以获得最有效的方法;

⑥ 会自动解决最基本的问题;

⑦ 能够节省大量时间, 并使用户的代理更高效。

Python

第 11 章

Scikit-Learn

11.1 Scikit-Learn 介绍

1. 什么是 Scikit-Learn

Scikit-Learn 是用于机器学习的开源 Python 库。该库支持最新算法，例如 KNN、XGBoost、随机森林、SVM 等。它建立在 NumPy 之上。Scikit-Learn 帮助数据进行预处理、降维（参数选择）、分类、回归、聚类和模型选择等操作。

Scikit-Learn 很容易使用，并且可以提供出色的结果。但是，Scikit-Learn 不支持并行计算。

2. 下载并安装 Scikit-Learn

可以从 Scikit-Learn 官网下载安装 Scikit-Learn。也可以通过两种命令行的方式下载安装 Scikit-Learn，命令为 pip 或 conda，命令行如下所示。

```
pip install -U scikit-learn
conda install scikit-learn
```

11.2 数据集

11.2.1 Iris 数据集

Iris 数据集的中文名是安德森鸢尾花卉数据集，英文全称是 Anderson's Iris data set。Iris 数据集包含 150 个样本，对应数据集的每行数据。每行数据包含每个样本的 4 个特征和类别信息，所以 Iris 数据集是一个 150 行 5 列的二维表，如表 11-1 所示。

表 11-1　Iris 数据集（部分）

花萼长度	花萼宽度	花瓣长度	花瓣宽度	类别信息
5.1	3.5	1.4	0.2	山鸢尾花
4.9	3.0	1.4	0.2	山鸢尾花
4.7	3.2	1.3	0.2	山鸢尾花
4.6	3.1	1.5	0.2	山鸢尾花
5.0	3.6	1.4	0.2	山鸢尾花
5.4	3.9	1.7	0.4	山鸢尾花
4.6	3.4	1.4	0.3	山鸢尾花
5.0	3.4	1.5	0.2	山鸢尾花

Iris 数据集是用来给鸢尾花做分类的数据集，它的每个样本包含了花萼长度、花萼宽度、花瓣长度、花瓣宽度这 4 个特征（每一行的前 4 列）。我们需要建立一个分类器，分类器可以通过样本的 4 个特征来判断样本属于哪种鸢尾花。

Iris 数据集的每个样本都包含了类别信息，即目标属性（每一行的第 5 列）。

11.2.2　黑客数据集

如果公司系统遭到黑客入侵，许多数据就会被盗。幸运的是，黑客数据集记录了用于连接的每个会话的元数据，供我们使用。黑客数据集如图 11-1 所示，其字段描述如表 11-2 所示。

	A	B	C	D	E	F	G
1	Session_Connection_Time	Bytes Transferred	Kali_Trace_Used	Servers_Corrupted	Pages_Corrupted	Location	WPM_Typing_Speed
2	8	391.09	1	2.96	7	Slovenia	72.37
3	20	720.99	0	3.04	9	British Virgin Islands	69.08
4	31	356.32	1	3.71	8	Tokelau	70.58
5	2	228.08	1	2.48	8	Bolivia	70.8
6	20	408.5	0	3.57	8	Iraq	71.28
7	1	390.69	1	2.79	9	Marshall Islands	71.57
8	18	342.97	1	5.1	7	Georgia	72.32
9	22	101.61	1	3.03	7	Timor-Leste	72.03
10	15	275.53	1	3.53	8	Palestinian Territory	70.17
11	12	424.83	1	2.53	8	Bangladesh	69.99
12	15	249.09	1	3.39	9	Northern Mariana Islands	70.77
13	32	242.48	0	4.24	8	Zimbabwe	67.93
14	23	514.54	0	3.18	8	Isle of Man	68.56
15	9	284.77	0	3.12	9	Sao Tome and Principe	70.82
16	27	779.25	1	2.37	8	Greece	72.73
17	12	307.31	1	3.22	7	Solomon Islands	67.95
18	21	355.94	1	2	7	Guinea-Bissau	72
19	10	372.65	0	3.33	7	Burkina Faso	69.19
20	20	347.23	1	2.33	7	Mongolia	70.41
21	22	456.57	0	1.52	8	Nigeria	69.35
22	25	582.03	0	3.29	7	Kazakhstan	69.85
23	19	67.17	0	3.25	7	Faroe Islands	69.73
24	16	410.08	1	3.07	8	Lebanon	68.49
25	18	393.15	0	2.25	8	Guyana	70.87
26	34	11.04	0	2.31	8	Botswana	72
27	30	309.84	0	3.8	9	Zambia	70.98
28	20	415.39	1	3.47	7	Mexico	69.98
29	23	537.94	1	2.96	7	Mongolia	68.74
30	21	206.31	0	2.75	8	Gibraltar	68.82

图 11-1　黑客数据集

表 11-2　黑客数据集字段描述

字段	描述
Session_Connection_Time	会话连接时间
Bytes Transferred	会话期间传输的字节数
Kali_Trace_Used	黑客是否使用 Kali Linux 系统
Servers_Corrupted	攻击期间损坏的服务器数
Pages_Corrupted	非法访问的页面数
Location	攻击来自哪个位置
WPM_Typing_Speed	根据会话日志预估的打字速度

11.2.3　电影数据集

电影数据集字段描述如表 11-3 所示。

表 11-3　电影数据集字段描述

字段	描述
index	编号
budget	电影投资金额
genres	电影类型（动作、犯罪、剧情、恐怖等）
homepage	官网主页
id	ID
keywords	关键字
original_language	官方电影语言
original_title	官方电影名称
overview	电影介绍
popularity	人气
production_companies	电影制作公司
production_countries	电影制作国家
release_date	上映日期
revenue	收益
runtime	电影时长
spoken_languages	语言版本
status	状态（已发行 | 后期制作）
tagline	电影名称简述
title	电影名称
vote_average	电影评分
vote_count	票房数
cast	主要的演员列表
crew	制作、编辑、演员列表详细信息
director	导演

11.3 Scikit-Learn 实例

11.3.1 线性回归

在统计学和机器学习领域，线性回归可能是最广为人知也最容易理解的算法之一。

线性回归大约有 200 年的历史，并已被广泛地研究。在使用线性回归时，我们可以删除非常类似（相关）的变量，并尽可能移除数据中的噪声。线性回归运算速度很快，是一种适合初学者尝试的经典算法。

1. 原理介绍

预测建模主要关注的是尽可能最小化模型误差或做出最准确的预测。线性回归模型被表示为一个方程式，它为输入变量找到特定的权重（系数 B），进而描述一条最佳拟合了输入变量（x）和输出变量（y）之间关系的直线。例如，$y=B_0+B_1x$

我们将在给定输入值 x 的条件下预测 y，线性回归算法的目的是找到系数 B_0 和 B_1 的值。我们可以使用不同的方法来从数据中学习线性回归模型，例如，普通最小二乘法的线性代数解和梯度下降优化。

线性回归拟合一个带有系数 $w=(w_1, \cdots, w_p)$ 的线性模型，使数据集实际观测数据和预测数据（估计值）之间的残差平方和最小。其数学表达式，如式（11-1）所示。

$$\min_{w} \| xw - y \|^2 \qquad (11\text{-}1)$$

线性回归模型如图 11-2 所示。

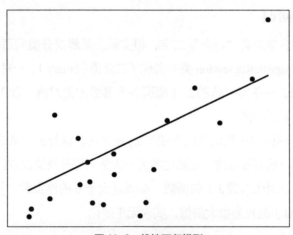

图 11-2　线性回归模型

在线性方程中，目标值 y 是输入变量 x 的线性组合。

数学概念表示为：如果 $\hat{y}$ 是预测值，那么有数学表达式，如式（11-2）所示。

$$\hat{y}(w,x) = w_0 + w_1 x_1 + \cdots + w_p x_p \qquad (11\text{-}2)$$

在整个表达式中，我们定义 $w = (w_1, \cdots, w_p)$ 作为系数 coef_，定义 w_0 作为截距 intercept_。

2. 线性回归实例

实例 使用线性回归的一个实例如图 11-3 所示。

```
1  from sklearn import linear_model
2  #线性模型
3  reg = linear_model.LinearRegression()
4  #训练数据
5  train_x = [[0, 0], [1, 1], [2, 2]]
6  train_y = [0, 1, 2]
7  #训练
8  reg.fit(train_x,train_y)
```

```
LinearRegression(copy_X=True, fit_intercept=True, n_jobs=None, normalize=False)
```

```
1  #系数或权值
2  print('系数：\n', reg.coef_)
```

```
系数：
 [0.5 0.5]
```

```
1  #测试数据
2  test_x = [[3,3],[4,4],[3,4]]
3  #预测Y的值
4  test_y_pred = reg.predict(test_x)
5  test_y_pred
```

```
array([3. , 4. , 3.5])
```

图 11-3　线性回归实例

11.3.2　逻辑回归

逻辑回归，虽然名字里有"回归"二字，但实际上是解决分类问题的线性模型。Scikit-Learn 中逻辑回归在 LogisticRegression 类中实现了二分类（binary）、一对多分类（one-vs-rest）以及多项式逻辑回归，并带有可选的 L_1（模型各个参数的绝对值之和）和 L_2（模型各个参数的平方和的开方值）正则化。

Scikit-Learn 的逻辑回归在默认情况下使用 L_2 正则化，这样的方式在机器学习领域是常见的，在统计分析领域是不常见的。正则化的另一优势是提升数值稳定性。Scikit-Learn 通过将 C［正则化强度（正则化系数 λ）的倒数，必须是大于 0 的浮点数，较小的值指定更强的正则化，通常默认为 1］设置为很大的值，实现无正则化。

1. 原理介绍

（1）判定边界。

当将训练集的样本以其各个特征为坐标轴在图中进行绘制时，通常可以找到某一个判定边界将样本点进行分类，如图 11-4 和图 11-5 所示。

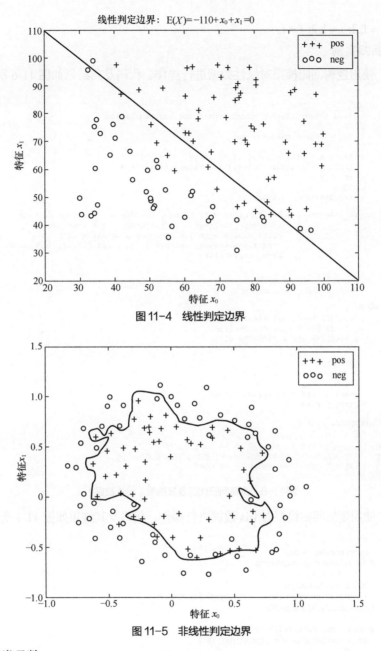

图 11-4 线性判定边界

图 11-5 非线性判定边界

（2）分类函数。

sigmoid 二分类函数可以将得分结果转换为概率进行分类，其数学表达式如式（11-3）所示。

$$s(x)=\frac{1}{1+\mathrm{e}^{-x}} \qquad (11\text{-}3)$$

softmax 为归一化多分类函数，其输入是向量，输出也是向量，每个元素值在 0 和 1 之间，且元素之和为 1。其数学表达式如式（11-4）所示。

$$s(x)=\frac{\mathrm{e}^{x_i}}{\mathrm{e}^{x_1}+\mathrm{e}^{x_2}}=\frac{1}{1+\mathrm{e}^{x_j-x_i}} \qquad (11\text{-}4)$$

其中：$i = 1, 2; j = 1, 2; j \neq i$。

2. 逻辑回归实例

实例 1 使用逻辑回归模型对线性数据进行操作，代码及其结果如图 11-6 所示。

```
1  from sklearn.linear_model import LogisticRegression
2  #线性模型
3  reg = LogisticRegression()
4  #训练数据
5  train_x = [[0, 0], [1, 1], [2, 2]]
6  train_x = StandardScaler().fit_transform(train_x)
7  train_y = [0, 1, 2]
8  #训练
9  reg.fit(train_x,train_y)
```

```
LogisticRegression(C=1.0, class_weight=None, dual=False, fit_intercept=True,
                   intercept_scaling=1, l1_ratio=None, max_iter=100,
                   multi_class='auto', n_jobs=None, penalty='l2',
                   random_state=None, solver='lbfgs', tol=0.0001, verbose=0,
                   warm_start=False)
```

```
1  #系数
2  print('系数: \n', reg.coef_)
```

```
系数:
[[-4.9448275e-01 -4.9448275e-01]
 [-1.9166379e-17 -1.9166379e-17]
 [ 4.9448275e-01  4.9448275e-01]]
```

```
1  #测试数据
2  test_x = [[3,3],[4,4],[3,4]]
3  #预测分类标签
4  test_y_pred = reg.predict(test_x)
5  test_y_pred
```

```
array([2, 2, 2])
```

```
1  #上面这个结果明显是错误的，应该是3 4 3.5才准确
2  #为何会如此?因为逻辑回归是做分类的他的值范围只能是0，1，2
3  #因此逻辑回归只适合做二分类预测或多分类
```

图 11-6　逻辑回归代码及其结果（线性数据）

实例 2 使用逻辑回归模型对 Iris 数据进行操作，代码及其结果如图 11-7 所示。

```
1   import pandas as pd
2   from sklearn import datasets
3   #总共150条数据
4   iris = datasets.load_iris()
5   from sklearn.linear_model import LogisticRegression
6   reg = LogisticRegression()
7   #训练数据
8   train_x =pd.DataFrame(iris.data).loc[:130]
9   train_y =pd.DataFrame(iris.target).loc[:130]
10  #测试数据
11  test_x =pd.DataFrame(iris.data).loc[130:]
12  test_y = pd.DataFrame(iris.target).loc[130:].reset_index(drop=True)
13
14  #训练
15  reg.fit(train_x, train_y)
16  #预测
17  y_pred=reg.predict(test_x)
18  y_pred = pd.DataFrame(y_pred)
19  print("逻辑回归—安德森鸢尾花卉—准确率为：%.2f " %((test_y==y_pred).sum()/test_y.count()))
```

逻辑回归—安德森鸢尾花卉—准确率为：0.90

图 11-7　逻辑回归代码及其结果（Iris 数据）

11.3.3　朴素贝叶斯

18世纪英国数学家托马斯·贝叶斯（Thomas Bayes）提出过一种看似显而易见的观点："用客观的新信息更新我们最初关于某个事物的信念后，我们就会得到一个新的、改进了的信念。"这个研究成果由于简单而显得平淡无奇，直至他死后两年才由他的朋友理查德·普莱斯帮助发表。它的数学原理很容易理解，简单说就是，如果你看到一个人总是做一些好事，则会推断那个人很可能会是一个好人。这就是说，当你不能准确知悉一个事物的本质时，你可以依靠与事物特定本质相关的事件出现的次数去判断其本质属性成立的概率。

用数学语言表达就是：支持某项属性的事件发生得越多，则该属性成立的可能性就越大。

1. 原理介绍

（1）朴素贝叶斯公式。

$$P(A\mid B)=P(B\mid A)\times P(A)/P(B) \tag{11-5}$$

式（11-5）表示，在B事件发生的条件下A事件发生的条件概率$P(A\mid B)$，等于A事件发生条件下B事件发生的条件概率$P(B\mid A)$乘以A事件的概率，再除以B事件发生的概率。其中，$P(A)$称为边缘概率，又称为先验概率，$P(A\mid B)$称为条件概率，又称为后验概率。

（2）朴素贝叶斯公式中的名词解释。

先验概率：某个事件发生的概率。比如A的先验概率表示为$P(A)$，B的先验概率表示为$P(B)$。先验概率是这样得到的：在联合概率中，把最终结果中那些不需要的事件合并成它们的全概率后，消去它们（对离散随机变量用求和得到全概率，对连续随机变量用积分得到全概率）。

后验概率：在另外一个事件B已经发生条件下事件A的发生概率，可以表示为$P(A\mid B)$，读作"在B条件下A的概率"。$P(A\mid B)$指的是在事件B发生的情况下事件A发生的可能性。

（3）朴素贝叶斯分析。

首先，在事件B发生之前，我们对事件A的发生有一个基本的概率判断，称为A的先验概率，用$P(A)$表示。

其次，在事件B发生之后，我们对事件A的发生概率重新评估，称为A的后验概率，用$P(A\mid B)$表示。

类似的，在事件A发生之前，我们对事件B的发生有一个基本的概率判断，称为B的先验概率，用$P(B)$表示。

同样，在事件A发生之后，我们对事件B的发生概率重新评估，称为B的后验概率，用$P(B\mid A)$表示。

朴素贝叶斯的分析思路对于由证据的积累来推测一个事件发生的概率来说具有重大作用，它告诉我们当要预测一个事件时，首先我们需要根据已有的经验和知识推断它的先验概率，然后在新证据不断积累的情况下调整这个概率。这个通过积累证据来得到一个事件发生概率的过程被称为朴素贝叶斯分析。

（4）GaussianNB 算法。

该算法实现了运用于分类的高斯朴素贝叶斯算法。特征的可能性（概率）假设为高斯分布，数学表达式如式（11-6）所示。

$$P\left(x_i\middle|y\right)=\frac{1}{\sqrt{2\pi\sigma_y^2}}e^{-\frac{\left(x_i-\mu_y\right)^2}{2\sigma_y^2}} \tag{11-6}$$

参数 σ_y 和 μ_y 使用最大似然法估计。

2. 朴素贝叶斯实例

实例 1 男生、女生概率。

假设学校 10 个学生中男生、女生比例为 6:4，其中，男生总是穿长裤，女生则一半穿长裤一半穿裙子。

（1）这群学生中男生的概率是多大？

$$P(\text{男})=0.6$$

（2）这群学生穿长裤的概率？

$$P(\text{长裤})=\frac{6+4\times0.5}{10}=0.8$$

（3）这群学生穿裙子的概率？

$$P(\text{裙子})=\frac{4\times0.5}{10}=0.2$$

（4）随机选取一个学生，他（她）穿长裤的概率和穿裙子的概率是多大？

① 男生穿长裤的概率？

$$P(\text{长裤}|\text{男生})=1.0$$

② 男生穿裙子的概率？

$$P(\text{裙子}|\text{男生})=0.0$$

③ 女生穿长裤的概率？

$$P(\text{长裤}|\text{女生})=0.5$$

④ 女生穿裙子的概率？

$$P(\text{裙子}|\text{女生})=0.5$$

（5）迎面走来一个穿长裤的学生，你只看得见他（她）穿的是长裤，而无法确定他（她）的性别，你能够推断出他（她）是女生的概率吗？

解题过程：已知公式 $P(A|B)=P(B|A)\times P(A)/P(B)$，已知条件，他（她）穿的是长裤。需要通过长裤这个特征推断是女生的概率，即事件 B 为长裤，事件 A 为女生。

① 先验概率长裤 $P(B)=0.8$，

② 先验概率女生 $P(A)=0.4$，

③ 后验概率女生穿长裤 $P(B|A)=0.5$。

因此，推断出他（她）是女生的概率为

$$P(A \mid B) = P(B \mid A) \times P(A)/P(B) = \frac{0.5 \times 0.4}{0.8} = 0.25$$

实例2 偷盗入侵概率。

一座别墅在过去20年中一共发生过2次偷盗入侵事件，别墅的主人有一条狗，狗平均每周晚上叫3次，在盗贼入侵时狗叫的概率被估计为0.9，问题是：在狗叫的时候盗贼入侵的概率是多少？其解题过程如表11-4所示。

表11-4 偷盗入侵概率的解题过程

事件	事件表示	概率
狗叫	$P(B)$	$\frac{3}{7} \approx 0.428$
入侵	$P(A)$	$\frac{2}{20 \times 365} \approx 0.00027$
入侵时狗叫	$P(B \mid A)$	0.9
狗叫时入侵	$P(A \mid B)$	$\frac{0.00027 \times 0.9}{0.428} \approx 0.00056$

实例3 使用朴素贝叶斯模型对 Iris 数据进行操作，代码及其结果如图11-8所示。

```
1   import pandas as pd
2   from sklearn import datasets
3   # 总共 150 条数据
4   iris = datasets.load_iris()
5   from sklearn.naive_bayes import GaussianNB
6   # 基于正态分布的朴素贝叶斯模型
7   clf = GaussianNB()
8   # 训练数据
9   train_x =pd.DataFrame(iris.data).loc[:130]
10  train_y =pd.DataFrame(iris.target).loc[:130]
11  # 测试数据
12  test_x =pd.DataFrame(iris.data).loc[130:]
13  test_y = pd.DataFrame(iris.target).loc[130:].reset_index(drop=True)
14
15  # 训练
16  clf = clf.fit(train_x, train_y)
17  # 预测
18  y_pred=clf.predict(test_x)
19  y_pred = pd.DataFrame(y_pred)
20  print("高斯朴素贝叶斯准确率为：%.2f " %((test_y==y_pred).sum()/test_y.count()))
```

高斯朴素贝叶斯准确率为：0.90

图11-8 朴素贝叶斯代码及其结果（Iris 数据）

11.3.4 决策树

决策树是一种机器学习的方法。决策树的生成算法有 ID3、C4.5 和 C5.0 等。决策树是一种树形结构，其中每个内部节点表示一个属性上的判断，每个分支代表一个判断结果的输出，每个叶节点代表一种分类结果。

决策树是一种用于分类和回归的非参数监督学习方法。目标是创建一个模型，该模型通过学习从数据特征推断出简单的决策规则来预测目标变量的值。

1. 原理介绍

（1）决策树的优点。

① 易于理解和解释，树可以可视化。

② 需要很少的数据准备。其他技术通常需要数据规范化，需要创建虚拟变量并删除空白值。但是请注意，此模块不支持缺失值。

③ 使用树的成本（预测数据）在用于训练树的数据点的数量上是对数级别的。

④ 能够处理数字和分类数据。

⑤ 使用白盒模型。如果在模型中可以观察到给定情况，则可以通过布尔逻辑轻松解释条件。相反，在黑盒模型中（如在人工神经网络中），结果可能更难以解释。

⑥ 可以使用统计测试来验证模型，这使考虑模型的可靠性成为可能。

⑦ 即使生成数据的真实模型在某种程度上违反了它的假设，它也可以表现良好。

（2）决策树的缺点如下。

① 决策树学习者可能会创建过于复杂的树，因而无法很好地概括数据，这称为过拟合。为避免此问题发生，必须使用如修剪、设置叶节点处所需的最小样本数或设置树的最大深度之类的机制。

② 决策树可能不稳定，因为数据中的细微变化可能会导致生成完全不同的树。使用集成中的决策树可以缓解此问题。

③ 在最优性的几个方面，甚至对于简单的概念，学习最优决策树的问题都被认为是 NP-C 问题（NP 完全问题）。因此，实用的决策树学习算法基于启发式算法（如贪婪算法），在每个节点上做出局部最优决策。这样的算法不能保证返回全局最优决策树，但可以通过在集成学习器中训练多棵树来缓解，在该学习器中，特征和样本将通过替换，随机抽样。

④ 有些概念很难学习，因为决策树无法轻松表达它们，例如，XOR（异或），奇偶校验或多路复用器问题。

⑤ 如果某些类别占主导地位，决策树学习者将创建有偏见的树。因此，建议在与决策树拟合之前平衡数据集。

（3）决策树分类与回归的类。

① DecisionTreeClassifier 类，是能够对数据集执行多类分类的类。与其他分类器一样，DecisionTreeClassifier 将数组 X，数组 Y（整数）这 2 个数组作为输入。预测的 Y 值是整数值而不是浮点数值。

② DecisionTreeRegressor 类，是能够对数据集执行回归的类。与分类设置中一样，采用 fit 方法将训练数据，数组 X 和 Y 作为参数数组。预测的 Y 值是浮点数值而不是整数值。

（4）决策树参数见表 11-5。

表 11-5　决策树参数

参数	含义描述
criterion	**分类** { "gini", "entropy" } 默认为 "gini"，前者是基尼系数，后者是信息熵 **回归** { "mse", "mae" } 默认为 "mse"，前者是均方误差，后者是均值绝对误差
splitter	best or random，前者是在所有特征中找最好的切分点，后者是在部分特征中找最好的切分点，默认的 "best" 适合样本量不大的情况，而如果样本数据量非常大，此时决策树构建推荐 "random"
max_features	划分时考虑的最大特征数
max_depth	遍历搜索的最大深度
min_samples_split	设置节点的最小样本数量，当样本数量小于此值时，节点将不会再划分
min_samples_leaf	这个值限制了叶子节点的最小样本数，如果某叶子节点数目小于样本数，则会和兄弟节点一起被剪枝
min_weight_ fraction_leaf	这个值限制了叶子节点所有样本权重和的最小值，如果小于这个值，则会和兄弟节点一起被剪枝，默认是 0，就是不考虑权重问题
max_leaf_nodes	通过限制最大叶子节点数，可以防止过拟合，默认是 "None"，即不限制最大的叶子节点数
class_weight	指定样本各类别的权重
min_impurity_split	这个值限制了决策树的增长，如果某节点的不纯度（基尼系数、信息增益、均方差、绝对差）小于这个阈值，则该节点不再生成子节点，为叶子节点

2. 决策树实例

实例　使用决策树模型对 Iris 数据进行操作，代码及其结果如图 11-9 所示。

```
1   import pandas as pd
2   from sklearn import datasets
3   #总共150条数据
4   iris = datasets.load_iris()
5   from sklearn import tree
6   #基于决策树模型
7   clf = tree.DecisionTreeClassifier()
8   #训练数据
9   train_x =pd.DataFrame(iris.data).loc[:130]
10  train_y =pd.DataFrame(iris.target).loc[:130]
11  #测试数据
12  test_x =pd.DataFrame(iris.data).loc[130:]
13  test_y = pd.DataFrame(iris.target).loc[130:].reset_index(drop=True)
14
15  #训练
16  clf = clf.fit(train_x, train_y)
17  #预测
18  y_pred=clf.predict(test_x)
19  y_pred = pd.DataFrame(y_pred)
20  print("决策树准确率为 : %.2f " %((test_y==y_pred).sum()/test_y.count()))
```

决策树准确率为 : 0.95

图 11-9　决策树代码及其结果（Iris 数据）

11.3.5 随机森林

1. 原理介绍

随机森林属于集成方法。而集成方法的目标是将给定学习算法构建的几个基本估计量的预测结合起来，以提高单个估计量的通用性或稳健性。通常有两种集成方法。

（1）平均方法。驱动原理是独立构建多个估计量，然后平均其预测。一般组合估计量的方差减小，所以组合估计量通常比任何单个基本估计量都要好，如套袋方法，随机树木森林等。

（2）增强方法。基本估计量是按顺序构建的，并且人们尝试减小组合估计量的偏差。这样做的目的是结合几个弱模型以产生强大的整体，如 AdaBoost，梯度树增强等。

随机森林是以决策树为基础的一种更高级的算法。像决策树一样，随机森林既可以用于回归，也可以用于分类。从名字中可以看出，随机森林是用随机的方式构建的一个森林，而这个森林是由很多互不关联的决策树组成的。随机森林是一种元估计量，它适合数据集各个子样本上的许多决策树分类器，并使用平均数来提高预测准确性和控制过度拟合。理论上，随机森林的表现一般要优于单一的决策树，因为随机森林的结果是通过统计多个决策树结果投票来决定的。简单来说，随机森林中每个决策树都有一个自己的结果，随机森林通过统计每个决策树的结果，选择投票数最多的结果作为其最终结果。中国有一句谚语很形象地表达了随机森林的运作模式，那就是"三个臭皮匠，顶个诸葛亮"。随机森林模型结构如图 11-10 所示。

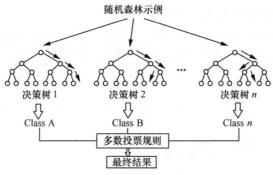

图 11-10　随机森林模型结构

随机森林的分类与回归类是 RandomForestClassifier 类和 RandomForestRegressor 类。其中，RandomForestClassifier 类是能够对数据集执行多类分类的类。RandomForestRegressor 类是能够对数据集执行回归的类。

随机森林参数见表 11-6。

表 11-6　随机森林参数

参数	描述
n_estimators	默认为 100，森林中树木的数量
criterion	**分类** {"gini"，"entropy"} 默认为"gini"。前者是基尼系数，后者是信息熵 **回归** {"mse"，"mae"} 默认为"mse"，前者是均方误差，后者是均值绝对误差

参数	描述
max_depth	默认为"None"，树的最大深度
min_samples_split	设置节点的最小样本数量，当样本数量小于此值时，节点将不会再划分
min_samples_leaf	这个值限制了叶子节点最小的样本数，如果某叶子节点数目小于样本数，则会和兄弟节点一起被剪枝
min_weight_fraction_leaf	基于权重的剪枝参数这个值限制了叶子节点所有样本权重和的最小值，如果小于这个值，则会和兄弟节点一起被剪枝
max_features	{"auto"，"sqrt"，"log2"}，int 或 float，默认为"auto"。构建决策树最优模型时考虑的最大特征数
max_leaf_nodes	最大叶子节点数通过限制最大叶子节点数，可以防止过拟合，默认为 None，即不限制最大的叶子节点数
min_impurity_decrease	节点划分的最小不纯度。浮点数，默认值为 0.0。如果节点分裂会导致杂质的减少大于或等于该值，则该节点将被分裂
bootstrap	bool，默认为 True。建立树木时是否使用引导程序样本。如果为 False，则将整个数据集用于构建每棵树
oob_score	bool，默认为 False。是否使用现成的样本来估计泛化精度
n_jobs	int，默认为"None"。要并行运行的作业数
random_state	int 或 RandomState，默认为"None"。子样本大小由 max samples 参数、bootstrap 参数控制。 max_features < n_features
verbose	int，默认值为 0。在拟合和预测时控制详细程度
warm_start	bool，默认为 False。设置为 True 时，请重用上一个调用的解决方案以适应并向集合添加更多估计量，否则，仅适应一个全新的森林
class_weight	{"balanced"，"balanced_subsample"}，字典或字典列表，默认为"None"。与形式的类有关的权重。如果未给出，则所有类的权重都为 1。对于多输出问题，可以按与 y 列相同的顺序提供字典列表
ccp_alpha	最小剪枝系数。非负浮点数，默认为 0.0。 具有最大复杂度的子树小于 ccp_alpha 所选择的子树。默认情况下，不执行修剪
max_samples	int 或 float，默认为"None"，如果 bootstrap 为 True，则从 X 抽取以训练每个基本估计量的样本数；如果为"None"（默认），则绘制 X.shape[0] 样本；如果为 int，则抽取 max_samples 样本；如果为 float，则抽取样品

2. 随机森林实例

实例 使用随机森林模型对 Iris 数据进行操作，代码及其结果如图 11-11 所示。

```
1    import pandas as pd
2    from sklearn import datasets
3    # 总共 150 条数据
4    iris = datasets.load_iris()
5    from sklearn.ensemble import RandomForestClassifier
6    # 基于随机森林模型
7    clf = RandomForestClassifier()
8    # 训练数据
9    train_x =pd.DataFrame(iris.data).loc[:130]
10   train_y =pd.DataFrame(iris.target).loc[:130]
11   # 测试数据
12   test_x =pd.DataFrame(iris.data).loc[130:]
13   test_y = pd.DataFrame(iris.target).loc[130:].reset_index(drop=True)
14
15   # 训练
16   clf = clf.fit(train_x, train_y)
17   # 预测
18   y_pred=clf.predict(test_x)
19   y_pred = pd.DataFrame(y_pred)
20   print("随机森林准确率为 : %.2f " %((test_y==y_pred).sum()/test_y.count()))
```

随机森林准确率为 : 0.95

图 11-11　随机森林代码及其结果（Iris 数据）

11.3.6　K-Means

1. 原理介绍

K-Means 算法的思想很简单，对于给定的样本集，按照样本之间的距离大小，将样本集划分为 K 个簇，使簇内的点尽量紧密地连在一起，簇间的距离尽量大。在 Scikit-Learn 中，包括两个 K-Means 算法，一个是传统的 K-Means 算法，对应的类是 KMeans；另一个是基于采样的 Mini Batch K-Means 算法，对应的类是 MiniBatchKMeans。一般而言，使用 K-Means 的算法调参是比较简单的。使用 KMeans 类的话，一般仅仅要注意 K 值的选择，即参数 n_clusters。如果使用 MiniBatchKMeans 类的话，需要注意调参的参数 batch_size，即 Mini Batch 的大小。KMeans 类和 MiniBatchKMeans 类还有很多可以选择的参数。

（1）KMeans 类主要参数。

① n_clusters：K 值，一般需要多试一些值以获得较好的聚类效果。

② max_iter：最大的迭代次数，一般如果是凸数据集的话可以不管这个值，如果不是凸数据集，可能很难收敛，此时可以指定最大的迭代次数让算法及时退出循环。

③ n_init：用不同的初始化质心运行算法的次数。K-Means 是结果受初始值影响的局部最优的迭代算法，因此需要多运行几次以选择一个较好的聚类效果，默认为 10，一般不需要修改。如果 K 值较大，则可以适当增大这个值。

④ init：即初始值选择的方式，可以为完全随机选择"random"、优化过的"k-means++"或自己指定初始化的 K 个质心。一般建议使用默认的"k-means++"。

⑤ algorithm：有"auto""full"和"elkan"这 3 种选择。"full"是传统的 K-Means 算法，"elkan"是 elkan K-Means 算法。默认的"auto"则会根据数据值是否是稀疏的，来决定选择"full"还是"elkan"。如果数据是稠密的，就用"elkan"，否则就用"full"。一般来说，建议直接用默认的"auto"。

（2）MiniBatchKMeans 类主要参数。

① n_clusters：K 值，和 KMeans 类的 n_clusters 意义一样。

② max_iter：最大的迭代次数，和 KMeans 类的 max_iter 意义一样。

③ n_init：用不同的初始化质心运行算法的次数。这里和 KMeans 类的意义稍有不同，KMeans 类中的 n_init 是用同样的训练集数据来运行不同的初始化质心，从而实现算法。而 MiniBatchKMeans 类的 n_init 则是每次用不一样的采样数据集来运行不同的初始化质心，从而实现算法。

④ batch_size：用来运行 MiniBatchKMeans 算法的采样集的大小，默认值是 100。如果发现数据集的类别较多或者噪声点较多，需要增加这个值以达到较好的聚类效果。

⑤ init：初始值选择的方式，和 KMeans 类的 init 意义一样。

⑥ init_size：用来做质心初始值候选的样本个数，默认是 batch_size 的 3 倍，一般用默认值就可以了。

⑦ reassignment_ratio：某个类别质心被重新赋值的最大次数比例，这个和 max_iter 一样是为了控制算法的运行时间。这个比例是占样本总数的比例，乘以样本总数就得到了每个类别质心可以重新赋值的次数。如果取值较高的话算法收敛时间可能会增加，尤其是那些暂时拥有样本数较少的质心。默认是 0.01。如果数据量不是超大的话，比如 10 000 以下，建议使用默认值。如果数据量超过 10 000，类别又比较多，可能需要适当减少这个比例值。具体要根据训练集来决定。

⑧ max_no_improvement：连续多少个 Mini Batch 没有改善聚类效果的话，就停止算法，和 reassignment_ratio、max_iter 一样是为了控制算法的运行时间。默认值为 10，一般用默认值就足够了。

（3）K 值的评估标准。

不像监督学习的分类问题和回归问题，无监督聚类没有样本输出，也就没有比较直接的聚类评估方法。但是可以从簇内的稠密程度和簇间的离散程度来评估聚类的效果。常见的方法有轮廓系数 Silhouette Coefficient 和 Calinski-Harabasz Index。使用 Calinski-Harabasz Index 简单直接，得到的 Calinski-Harabasz 分数值 s 越大，则聚类效果越好。

Calinski-Harabasz 分数值 s 的数学表达式，如式（11-7）所示。

$$s(k) = \frac{\text{tr}(B_k)}{\text{tr}(W_k)} \frac{m-k}{k-1} \tag{11-7}$$

其中，m 为训练集样本数，k 为类别数。B_k 为类别之间的协方差矩阵，W_k 为类别内部数据的协方差矩阵。tr 为矩阵的迹。也就是说，类别内部数据之间的协方差越小越好，类别之间的协方差越大越好，这样的 Calinski-Harabasz 分数值就会更高。

在 Scikit-Learn 中，Calinski-Harabasz Index 对应的方法是 metrics.calinski_harabaz_score。

2. K-Means 实例

实例 1　传统的 *K*-Means 算法在黑客攻击实例中的应用，其中，黑客数据集如图 11-1 所示，黑客数据集字段描述如表 11-2 所示，则 *K*-Means 黑客聚类代码及输出结果如图 11-12 所示。

```
1   # 步骤 1：导包
2   import pandas as pd
3   import numpy as np
4   from sklearn.cluster import KMeans
5   from sklearn import metrics
6
7
8   # 步骤 2：导数据并删除 Location
9   X = pd.read_csv(r'/work/data/hack_data.csv')
10  X.drop(['Location'], axis=1,inplace=True)
11
12  # 步骤 3：使用 Scikit-Learn，假设为 2 分类。
13  Kmean = KMeans(n_clusters=2)
14  y_pred = Kmean.fit_predict(X)
15  print("2分类的分数: %.2f" %(metrics.calinski_harabasz_score(X, y_pred)))
16
17  # 步骤 4：使用 Scikit-Learn，假设为 3 分类。
18  from sklearn.cluster import KMeans
19  Kmean = KMeans(n_clusters=3)
20  y_pred = Kmean.fit_predict(X)
21  print("3分类的分数: %.2f" %(metrics.calinski_harabasz_score(X, y_pred)))
22
23  # 步骤 5：真相到底是什么？
24  #2 分类的分类: 985.13
25  #3 分类的分数: 971.40
26  # 答案是 2 分类，分数越高代表聚合越好
```

2分类的分数: 985.13
3分类的分数: 970.03

图 11-12　*K*-Means 黑客聚类代码及输出结果

实例 2　基于采样的 Mini Batch *K*-Means 算法在黑客攻击实例中的应用，其中，黑客数据集如图 11-1 所示，黑客数据集字段描述如表 11-2 所示，则 MiniBatchKMeans 黑客聚类代码及输出结果如图 11-13 所示。

```
1   # 步骤 1：导包
2   import pandas as pd
3   import numpy as np
4   from sklearn.cluster import MiniBatchKMeans
5   from sklearn import metrics
6
7   # 步骤 2：导数据并删除 Location
8   X = pd.read_csv(r'/work/data/hack_data.csv')
9   X.drop(['Location'], axis=1,inplace=True)
10
11  # 步骤 3：使用 Scikit-Learn，假设为 2 分类。
12  Kmean = MiniBatchKMeans(n_clusters=2)
13  y_pred = Kmean.fit_predict(X)
14  print("2分类的分数: %.2f" %(metrics.calinski_harabasz_score(X, y_pred)))
15
16  # 步骤 4：使用 Scikit-Learn，假设为 3 分类。
17  from sklearn.cluster import KMeans
18  Kmean = MiniBatchKMeans(n_clusters=3)
19  y_pred = Kmean.fit_predict(X)
20  print("3分类的分数: %.2f" %(metrics.calinski_harabasz_score(X, y_pred)))
21
22  # 步骤 5：真相到底是什么？
23  #2 分类的分数: 985.13
24  #3 分类的分数: 932.57
25  # 答案是 2 分类，分数越高代表聚合越好
```

2分类的分数: 985.13
3分类的分数: 932.57

图 11-13　MiniBatchKMeans 黑客聚类代码及输出结果

11.3.7 推荐算法

推荐算法是日常生活中非常常见的一种算法，几乎每个大型网站都能找到推荐算法的身影，比如说购物网站推荐用户可能喜欢的商品，视频网站推荐用户可能喜欢的视频等。可以说推荐算法是应用场景最多、最具有商业价值的算法之一。

1. 原理介绍

（1）构建推荐引擎的方法。

① 基于人气的推荐引擎。

也许，这是你遇到的最简单的推荐引擎。你在腾讯视频或游客视频中看到的趋势列表都是基于此算法。它会跟踪每个视频被观看的次数，然后根据观看次数降序列出视频。

② 基于内容的推荐引擎。

这种类型的推荐引擎将用户当前喜欢的电影作为输入。然后，推荐引擎会分析电影的内容（故事情节、题材、演员、导演等），以找出其他具有相似内容的电影。然后，它将根据相似电影的相似性评分对其进行排名，并向用户推荐最相关的电影。

③ 基于协同过滤的推荐引擎。

该方法尝试根据用户的活动和偏好来查找相似的用户（例如，2 个用户都观看过相同类型的电影或由同一导演执导的电影）。在这些用户（例如，A 和 B）之间，如果用户 A 看过用户 B 尚未看过的电影，那么该电影将被推荐给用户 B，反之亦然。换句话说，该算法将根据相似用户的首选项之间的协同来过滤推荐（因此，名称为"协同过滤"）。亚马逊电子商务平台是此算法的一种典型应用，在该平台上你可以看到"浏览此商品的顾客也同时浏览"的商品列表。亚马逊平台购物推荐如图 11-14 所示。

图 11-14 亚马逊平台购物推荐

在实际生产环境中，可以通过混合 2 种或更多种类型的推荐系统的属性来创建另一种类型的推荐系统，这种推荐系统被称为混合推荐系统。

（2）基于用户（User-based）的协同过滤，如图 11-15 所示。

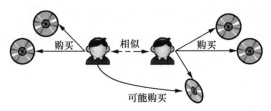

图 11-15　基于用户（User-based）的协同过滤

基于用户的协同过滤算法，主要分为以下两步。

第一步，找到和目标用户兴趣相似的用户集。

第二步，找到这个用户集中用户最喜欢的物品推荐给目标用户。

对于第一步找到和目标用户兴趣相似的用户集，我们可以根据用户的历史浏览记录及使用记录，生成一个用户向量，然后计算两两用户之间的余弦相似度，其数学表达式如式（11-8）所示。

$$\cos\theta = \frac{A \cdot B}{\|A\|\|B\|} \tag{11-8}$$

这样我们就得到了与任意用户的兴趣相似的用户集。

（3）基于物品（Item-based）的协同过滤，如图 11-16 所示。

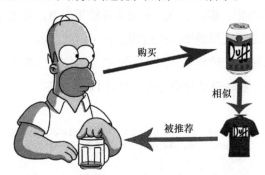

图 11-16　基于物品（Item-based）的协同过滤

当用户数量较多时，计算两两用户之间的余弦相似度，可能会非常困难，于是有了基于物品的协同过滤。

基于物品的协同过滤，分为以下两步。

第一步，计算物品之间的相似度。

第二步，根据物品的相似度和用户的历史行为给用户生成推荐列表。

以物品为基础的协同过滤不用考虑用户间的差别，所以精确度比较差。但是基于物品的协同过滤却不需要用户的历史数据，对于物品来讲，它们之间的相似性要稳定很多。

（4）基于用户的协同过滤算法实例。

我们模拟了 5 个用户对 5 件商品的评分，来说明如何通过用户对不同商品的态度和偏好寻找相似的用户。在示例中，5 个用户对 5 件商品评分的分值可以表示真实购买意愿，也可以是用户对商品不同行为的量化指标。例如，浏览商品的次数、向朋友推荐商品的次数、收藏的次数、分享和评论的次数等。这些行为都可以表示用户对商品的态度和偏好程度。基于用户的商品评分如表11-7所示。

表11-7 基于用户的商品评分

用户	商品 1	商品 2	商品 3	商品 4	商品 5
用户 A	3.3	6.5	2.8	3.4	5.5
用户 B	3.5	5.8	3.1	3.6	5.1
用户 C	5.6	3.3	4.5	5.2	3.2
用户 D	5.4	2.8	4.1	4.9	2.8
用户 E	5.2	3.1	4.7	5.3	3.1

数字可以对用户的关系进行准确的度量，依据这些关系就能完成商品的推荐。

分别计算用户与用户之间的余弦相似度，计算公式如式（11-9）所示，结果如表11-8所示。

$$\text{Sim}(u_i, u_k) = \frac{r_i \cdot r_k}{|r_i||r_k|} = \frac{\sum_{j=1}^{m} r_{ij} r_{ki}}{\sqrt{\sum_{j=1}^{m} r_{ij}^2 \sum_{j=1}^{m} r_{kj}^2}} \tag{11-9}$$

通过计算5个用户对5件商品的评分，我们获得了用户间的相似度数据。从表11-8可以看到用户A与用户B、用户C与用户D、用户C与用户E和用户D与用户E之间相似度较高。

表11-8 用户与用户之间的余弦相似度

两两用户	相似度
用户 A 与用户 B	0.999
用户 A 与用户 C	0.867
用户 A 与用户 D	0.847
用户 A 与用户 E	0.859
用户 B 与用户 C	0.903
用户 B 与用户 D	0.886
用户 B 与用户 E	0.897
用户 C 与用户 D	0.999
用户 C 与用户 E	0.998
用户 D 与用户 E	0.997

（5）为相似的用户推荐物品。

假设为用户C推荐商品。我们检查之前的相似度列表后会发现，用户C和用户D及用户E的相似度较高。换句话说，这3个用户是一个群体，拥有相同的偏好。因此，我们可以向用户C推荐用户D和用户E的商品。但这里有一个问题。我们不能直接推荐表11-7中的商品 1～商品 5。因为用户 C 已经浏览或购买过这些商品了，不能重复推荐。我们要推荐用户 C 还没有浏览或购买过的商品，这就是基于用户的协同过滤算法。这个算法依靠用户的历史行为数据来计算相关度，也就是说必须要有一定的数据积累（冷启动问题）。对于新网站或数据量较少的网站，还有一种方法是基于物品的协同过滤算法。

（6）基于物品的协同过滤算法实例。

基于物品的协同过滤算法与基于用户的协同过滤算法很像，将商品和用户互换。我们通过计算不同用户对不同物品的评分来获得物品间的关系，从而基于物品间的关系对用户进行相似物品的推荐。这里的评分代表用户对商品的态度和偏好。简单来说就是如果用户 A 同时购买了商品 1 和商品 2，那么说明商品 1 和商品 2 的相关度较高。当用户 B 也购买了商品 1 时，可以推断用户 B 也有购买商品 2 的需求。

为用户提供基于相似物品的推荐，如表 11-7 所示。

通过式（11-9）来计算商品与商品之间的余弦相似度，结果如表 11-9 所示。

表 11-9　商品与商品之间的余弦相似度

两两商品	余弦相似度
商品 1 与商品 2	0.851
商品 1 与商品 3	0.997
商品 1 与商品 4	0.977
商品 1 与商品 5	0.883
商品 2 与商品 3	0.862
商品 2 与商品 4	0.885
商品 2 与商品 5	0.997
商品 3 与商品 4	0.967
商品 3 与商品 5	0.893
商品 4 与商品 5	0.909

通过计算 5 个商品的评分，我们获得了商品间的相似度数据。这里可以看到用商品 1 与商品 3 和商品 4 相似度较高，商品 2 与商品 5 相似度较高。因此对于购买了商品 2 的用户，我们会向其推荐商品 5；对于购买了商品 1 的用户，我们会向其推荐商品 3 和商品 4。

2. 基于内容的电影推荐算法实例

（1）寻找相似之处。

我们需要查找与给定电影内容相似的电影，然后将这些相似的电影推荐给用户。逻辑非常简单，可是我们如何找出哪些电影与给定的电影相似？如何计算两部电影的相似度？

让我们从简单易懂的事物开始，假设你得到以下两个文本。

文本 A：伦敦巴黎伦敦。

文本 B：巴黎巴黎伦敦。

如何找到文本 A 和文本 B 之间的相似性？让我们分析这些文本。

文本 A：包含 2 个"伦敦"和 1 个"巴黎"。

文本 B：包含 1 个"伦敦"和 2 个"巴黎"。

现在，我们尝试在二维平面中表示这 2 个文本（*x* 轴为"伦敦"，*y* 轴为"巴黎"）。文本 A 和文本 B 之间的相似性如图 11-17 所示。

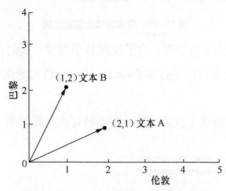

图 11-17　文本 A 和文本 B 之间的相似性

如图 11-17 所示，（1，2）矢量表示"文本 B"，（2，1）矢量表示"文本 A"。现在，我们以图形方式表示了这两个文本。那么，现在我们如何找出这两个文本之间的相似之处？

如果 2 个向量之间的距离很小，我们可以说它们是相似的。距离是指两个向量之间的角度，用 θ 表示。从机器学习的角度进一步思考，我们可以了解到 $\cos\theta$ 的值对我们更有意义，而不是 θ 的值，因为余弦函数会将 θ 的值映射到在 $0 \sim 1$ 的第一个象限（请记住 $\cos 90° = 0$ 和 $\cos 0° = 1$）。从中学数学中，有一个公式可以找出 2 个向量之间的余弦值。文本 A 和文本 B 之间夹角的余弦值如图 11-18 所示。

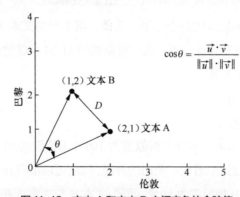

$$\cos\theta = \frac{\vec{u} \cdot \vec{v}}{\|\vec{u}\| \cdot \|\vec{v}\|}$$

图 11-18　文本 A 和文本 B 之间夹角的余弦值

首先，我们需要在程序中输入文本 A 和文本 B，如图 11-19 所示。

```
1  text = ["伦敦巴黎伦敦 ","巴黎巴黎伦敦 "]
```

图 11-19　程序中输入文本 A 和文本 B

然后，我们需要找到一种方法将这些文本表示为矢量。*sklearn.feature_extraction.text* 类的 CountVectorizer() 方法可以为我们做到这一点。我们需要先导入此库，然后才能创建新 CountVectorizer() 对象。文本转化为矢量代码如图 11-20 所示。

```
1  from sklearn.feature_extraction.text import CountVectorizer
2  cv = CountVectorizer()
3  count_matrix = cv.fit_transform(text)
```

图 11-20　文本转换为矢量代码

count_matrix 给我们一个稀疏矩阵，为了使其易于阅读，我们需要对其应用 toarrray( ) 方法。在打印此内容之前，让我们首先打印 CountVectorizer() 对象的特征列表（或单词列表），如图 11-21 所示。

图 11-21 中的代码输出结果（按频率统计文本转化为二维数组），如图 11-22 所示。

```
1  print(cv.get_feature_names())
2  print(count_matrix.toarray())
```

```
['伦敦', '巴黎']
[[2 1]
 [1 2]]
```

图 11-21　打印 CountVectorizer() 对象的特征列表　　　图 11-22　按频率统计文本转化为二维数组

图 11-22 中显示的结果表明单词"伦敦"在文本 A 中出现 2 次，在文本 B 中出现 1 次。类似地，单词"巴黎"在文本 A 中出现 1 次，在文本 B 中出现 2 次。最后，我们通过这些向量之间的余弦相似度，来找出文本 A 和文本 B 之间的相似度。我们可以使用库中的 cosine_similarity() 函数来计算 sklearn.metrics.pairwise，如图 11-23 所示。

图 11-23 中的代码将输出一个相似矩阵，如图 11-24 所示。

```
1  from sklearn.metrics.pairwise import cosine_similarity
2  similarity_scores = cosine_similarity(count_matrix)
3  print(similarity_scores)
```

```
[[1.  0.8]
 [0.8 1. ]]
```

图 11-23　使用 cosine_similarity() 方法计算余弦相似度　　　图 11-24　相似矩阵

相似矩阵的每一行表示输入的每个句子。因此，第 1 行为文本 A，第 2 行为文本 B。对于列同样适用，为了更好地理解这一点，我们可以说图 11-24 中的输出与以下内容相同。

文本 A:　　　　　文本 B:

文本 A: [[1.　　　　0.8]

文本 B: [0.8　　　　1.]]

这说明，文本 A 与文本 A（本身）相似度为 100%（位置 [0,0]），文本 A 与文本 B 相似度为 80%（位置 [0,1]）。通过查看输出给出的种类，我们可以很容易看到输出的是对称矩阵。因为，如果文本 A 与文本 B 相似度为 80%，那么文本 B 与文本 A 相似度也为 80%。

现在我们知道了如何找到内容之间的相似性。因此，让我们尝试运用这些知识来构建基于内容的电影推荐引擎。

（2）构建推荐引擎。

下载数据集后，我们需要导入所有必需的库，然后使用 read_csv() 方法读取 csv 文件，如图 11-25 所示。

```
1  # 导包
2  import pandas as pd
3  from sklearn.feature_extraction.text import CountVectorizer
4  from sklearn.metrics.pairwise import cosine_similarity
5  # 加载数据
6  df = pd.read_csv(r"/work/data/movie_dataset.csv")
7  # 数据大小
8  print(df.shape)
```

(4803, 24)

```
1  # 查看前 3 条数据
2  df.head(3)
```

index	budget	genres	homepage	id	keywords	original_language	original_title	overview	popularity	production
0	0	237000000	Action Adventure Fantasy Science Fiction	http://www.avatarmovie.com/	19995	culture clash future space war space colony so...	en	Avatar	In the 22nd century, a paraplegic Marine is di...	150.437577	[{"name": Film P
1	1	300000000	Adventure Fantasy Action	http://disney.go.com/disneypictures/pirates/	285	ocean drug abuse exotic island east india trad...	en	Pirates of the Caribbean: At World's End	Captain Barbossa, long believed to be dead, ha...	139.082615	[{"name": Pictures'
2	2	245000000	Action Adventure Crime	http://www.sonypictures.com/movies/spectre/	206647	spy based on novel secret agent	en	Spectre	A cryptic message from Bond's past	107.376788	[{"name": Pictu

图 11-25　使用 read_csv() 方法读取 csv 文件

将数据集可视化，将看到它具有有关电影的许多额外信息。我们不需要这些额外信息。因此，我们选择关键字、演员、流派和导演作为我们的功能集，如图 11-26 所示。

```
1  features = ['keywords','cast','genres','director']
```

图 11-26　选取合适的特征列

我们的下一个任务是创建一个函数，用于将这些列的值组合为单个字符串，如图 11-27 所示。

```
1  def combine_features(row):
2      return row['keywords']+" "+row['cast']+" "+row['genres']+" "+row['director']
```

图 11-27　列的值组合为单个字符串

现在，我们需要在数据框的每一行上调用此函数。但是，在此之前，我们需要清理和预处理数据。我们将在数据框中使用空白字符串填充所有 NaN 值。空值清理和数据预处理如图 11-28 所示。

```
1  for feature in features:
2      df[feature] = df[feature].fillna('') # 用空白字符串覆盖所有 NaN
3  """
4  在数据的每一行上应用 combined_features() 方法，
5  并将组合的字符串存储在"combined_features"列中
6  """
7  df["combined_features"] = df.apply(combine_features,axis=1)
```

```
1  # 电影内容的介绍
2  df.iloc[0].combined_features
```

图 11-28　空值清理和数据预处理

获得组合的字符串后，我们可以将这些字符串提供给 CountVectorizer() 对象以获取计数矩阵，如图 11-29 所示。

```
1  # 实例化 CountVectorizer () 对象
2  cv = CountVectorizer()
3  # 将电影内容送入 CountVectorizer () 对象
4  count_matrix = cv.fit_transform(df["combined_features"])
```

图 11-29　获取计数矩阵

至此，我们已经完成了大部分的工作。现在，我们需要从计数矩阵中获得余弦相似度矩阵，如图 11-30 所示。

```
1  # 余弦相似度矩阵
2  cosine_sim = cosine_similarity(count_matrix)
```

图 11-30　余弦相似度矩阵

接下来，我们将定义 2 个帮助函数，以从电影索引中获取电影标题，反之亦然，如图 11-31 所示。

```
1  def get_title_from_index(index):
2      return df[df.index == index]["title"].values[0]
3  def get_index_from_title(title):
4      return df[df.title == title]["index"].values[0]
```

图 11-31　帮助函数——电影标题

下一步我们将获取用户当前喜欢的电影标题，然后，找到该电影的索引。之后，在相似性矩阵中访问与该电影对应的行。我们将从当前电影中获得所有其他电影的相似度分数。枚举该电影的所有相似度分数，以得出电影索引和相似度分数的元组。获取和《Avatar》相似的电影列表的代码如图 11-32 所示。

```
1  movie_user_likes = "Avatar"
2  movie_index = get_index_from_title(movie_user_likes)
3  # 访问与给定电影对应的行，以查找该电影的所有相似度得分，然后对其进行枚举
4  similar_movies = list(enumerate(cosine_sim[movie_index]))
```

图 11-32　获取和《Avatar》相似的电影列表的代码

现在到了最重要的时刻。我们将 similar_movies 根据相似度得分以降序的方式对列表进行排序。由于与给定电影最相似的电影就是电影本身，因此在对电影进行排序后，我们将丢弃第一个元素，其代码如图 11-33 所示。

```
1  sorted_similar_movies = sorted(similar_movies,key=lambda x:x[1],reverse=True)[1:]
```

图 11-33　获取排序后的电影列表的代码

最后，我们将运行一个循环以打印 sorted_similar_movies 列表中的前 5 个条目，如图 11-34 所示。

```
1   i=0
2   print("最受欢迎的与《"+movie_user_likes+"》这部电影，相似的5部电影是 :\n")
3   for element in sorted_similar_movies:
4       print(get_title_from_index(element[0]))
5       i=i+1
6       if i>=5:
7           break
```

最受欢迎的与《Avatar》这部电影，相似的5部电影是：

Guardians of the Galaxy
Aliens
Star Wars: Clone Wars: Volume 1
Star Trek Into Darkness
Star Trek Beyond

图 11-34　与《Avatar》最相似的 5 部电影

电影推荐引擎的完整代码如图 11-35 所示。

```
1   # 导包
2   import pandas as pd
3   from sklearn.feature_extraction.text import CountVectorizer
4   from sklearn.metrics.pairwise import cosine_similarity
5   # 加载数据
6   df = pd.read_csv(r"/work/data/movie_dataset.csv")
7   # 数据大小
8   print(df.shape)
9   # 特征值列变量
10  features = ['keywords','cast','genres','director']
11
12  def combine_features(row):
13      return row['keywords']+" "+row['cast']+" "+row['genres']+" "+row['director']
14
15  for feature in features:
16      df[feature] = df[feature].fillna('') #用空白字符串覆盖所有NaN
17  '''
18  在数据的每一行上应用combined_features()方法，
19  并将组合的字符串存储在"combined_features"列中
20  '''
21  df["combined_features"] = df.apply(combine_features,axis=1)
22
23  # 电影内容的介绍
24  df.iloc[0].combined_features
25
26  # 实例化 CountVectorizer () 对象
27  cv = CountVectorizer()
28  # 将电影内容送入 CountVectorizer () 对象
29  count_matrix = cv.fit_transform(df["combined_features"])
30
31  # 余弦相似度矩阵
32  cosine_sim = cosine_similarity(count_matrix)
33
34  def get_title_from_index(index):
35      return df[df.index == index]["title"].values[0]
36  def get_index_from_title(title):
37      return df[df.title == title]["index"].values[0]
38
39  movie_user_likes = "Avatar"
40  movie_index = get_index_from_title(movie_user_likes)
41  # 访问与给定电影对应的行，以查找该电影的所有相似度得分，然后对其进行枚举
42  similar_movies = list(enumerate(cosine_sim[movie_index]))
43
44  sorted_similar_movies = sorted(similar_movies,key=lambda x:x[1],reverse=True)[
45
46  i=0
47  print("最受欢迎的与《"+movie_user_likes+"》这部电影，相似的5部电影是 :\n")
48  for element in sorted_similar_movies:
49      print(get_title_from_index(element[0]))
50      i=i+1
51      if i>=5:
52          break
```

图 11-35　电影推荐引擎的完整代码

现在，运行该代码并查看输出，如图 11-36 所示。

(4803, 24)
最受欢迎的与《Avatar》这部电影，相似的5部电影是：

Guardians of the Galaxy
Aliens
Star Wars: Clone Wars: Volume 1
Star Trek Into Darkness
Star Trek Beyond

图 11-36　输出与《Avatar》电影最相似的 5 部电影

看到输出后，进一步将其与其他推荐引擎进行比较。在 Google 上搜索了与《Avatar》相似的电影，结果如图 11-37 所示。

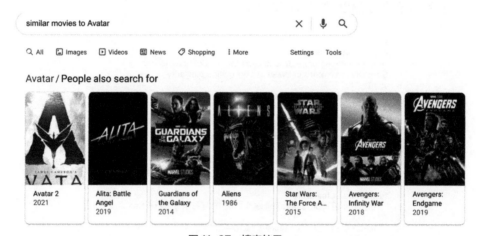

图 11-37　搜索结果

看到输出了吗？这个电影推荐引擎效果很好，还可以通过许多其他因素进一步加以改进。

11.4　模型选择和评估

在机器学习中，我们需要用一些方法去衡量我们选择的模型效果的优劣。这里我记录了一些比较常见的方法，以此来评估我们选择的模型在此场景下的优劣程度。学习器预测输出与样本真实输出的差异称为误差。预测正确的样本数占样本总数的比例称为准确率（Accuracy），相反，预测错误的样本数占样本总数的比例称为错误率（Error Rate）。但是准确率并不能有效说明机器学习性能。

我们实际希望得到的是能够在新样本上表现很好的模型。在新样本上的误差，我们称为泛化误差。训练学习器的时候，学习器学习训练集"太好"，导致将训练集的一些特点当成所有样本的普遍规律，这样会导致泛化性能下降，这种现象在机器学习中被称为"过拟合"（Overfitting）。相反的，学习器学习训练集"太差"，训练集一般的性质都没有学好，称为"欠拟合"（Underfitting）。

11.4.1 分类问题

1. 混淆矩阵

混淆矩阵是监督学习中的一种可视化工具，主要用于比较分类结果和实例的真实信息。矩阵中的每一行代表实例的预测类别，每一列代表实例的真实类别，混淆矩阵如图11-38所示。

2. 混淆矩阵名词解析

（1）真正（TP，True Positive）：被模型预测为正的正样本。

（2）假正（FP，False Positive）：被模型预测为正的负样本。

（3）假负（FN，False Negative）：被模型预测为负的正样本。

（4）真负（TN，True Negative）：被模型预测为负的负样本。

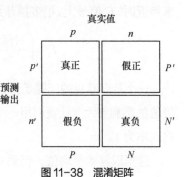

图 11-38　混淆矩阵

（5）真正率（TPR，True Positive Rate）：$TPR=\dfrac{TP}{TP+FN}$，即被预测为正的正样本数 / 正样本实际数。

（6）假正率（FPR，False Positive Rate）：$FPR=\dfrac{FP}{FP+TN}$，即被预测为正的负样本数 / 负样本实际数。

（7）假负率（FNR，False Negative Rate）：$FNR=\dfrac{FN}{TP+FN}$，即被预测为负的正样本数 / 正样本实际数。

（8）真负率（TNR，True Negative Rate）：$TNR=\dfrac{TN}{TN+FP}$，即被预测为负的负样本数 / 负样本实际数。

（9）准确率（Accuracy）。

准确率是最常用的分类性能指标。数学表达式如式（11-10）所示。

$$Accuracy=\frac{TP+TN}{TP+FN+FP+TN} \tag{11-10}$$

（10）精确率（Precision）。

精确率容易和准确率被混为一谈。其实，精确率只是针对预测正确的正样本而不是所有预测正确的样本。表现为预测出是正的里面有多少为真正。可理解为查准率。其数学表达式如式（11-11）所示。

$$Precision=\frac{TP}{TP+FP} \tag{11-11}$$

（11）召回率（Recall）。

召回率表现出在实际正样本中，分类器能预测出多少。与真正率相等，可理解为查全率。

数学表达式如式（11-12）所示。

$$\text{Recall} = \frac{\text{TP}}{\text{TP} + \text{FN}} \qquad (11\text{-}12)$$

（12）F_1 值。

F_1 值是精确率和召回率的调和平均值，更接近于 2 个数较小的那个，所以精确率和召回率接近时，F_1 值最大。很多推荐系统的评测指标就是用 F_1 值。其数学表达式如式（11-13）所示。

$$F_1 = \left(\frac{召回率^{-1} + 精确率^{-1}}{2} \right)^{-1} = 2 \cdot \frac{精确率 \cdot 召回率}{精确率 + 召回率} \qquad (11\text{-}13)$$

一个显而易见的问题是为什么取调和平均值而不是算术平均值，这是因为调和平均值对极值的影响更大。让我们用一个例子来理解这一点。我们有一个二分类模型：精确率为 0，召回率为 1。

这里取算术平均值，得到 0.5。很明显，上面的结果来自于一个"不灵敏"的分类器，它忽略了输入，只选择其中一个类作为输出。现在，如果我们取调和平均值，会得到 0，这是准确的。

3. ROC 曲线

逻辑回归里面，对于正负例的界定，通常会设一个阈值，大于阈值为正类，小于阈值为负类。如果减小这个阈值，更多的样本会被识别为正类，提高正类的识别率，但同时也会使更多的负类被错误识别为正类。为了直观表示这一现象，引入 ROC（Receiver Operating Characteristic，受试者操作特征曲线）。根据分类结果计算得到 ROC 空间中相应的点，连接这些点就形成 ROC 曲线，横坐标为假正率，纵坐标为真正率。一般情况下，这个曲线都应该处于（0，0）和（1，1）坐标值连线的上方。

ROC 曲线是一种显示分类模型在所有分类阈值下的效果的曲线。该曲线绘制了以下 2 个参数。

（1）真正率。

（2）假正率。

真正率（TPR）是召回率的同义词，数学表达式如式（11-14）所示。

$$\text{TPR} = \frac{\text{TP}}{\text{TP} + \text{FN}} \qquad (11\text{-}14)$$

假正率（FPR）的数学表达式如式（11-15）所示。

$$\text{FPR} = \frac{\text{FP}}{\text{FP} + \text{TN}} \qquad (11\text{-}15)$$

ROC 曲线用于绘制采用不同分类阈值时的 TPR 与 FPR。降低分类阈值会导致将更多样本归为正类别，从而增加假正类和真正类的个数。一个典型的 ROC 曲线如图 11-39 所示。

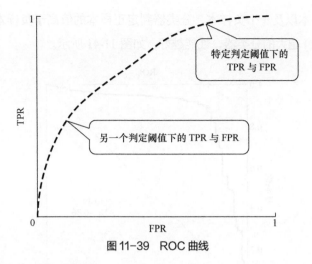

图 11-39 ROC 曲线

ROC 曲线中的 4 个点和 1 条线。

（1）点（0,1）：FPR=0，TPR=1，意味着 FN = 0 且 FP = 0，将所有的样本都正确分类。

（2）点（1,0）：FPR=1，TPR=0，最差分类器，避开了所有正确答案。

（3）点（0,0）：FPR=TPR=0，FP = TP = 0，分类器把每个实例都预测为负类。

（4）点（1,1）：分类器把每个实例都预测为正类。

总之，ROC 曲线越接近左上角，该分类器的性能越好。

为了计算 ROC 曲线上的点，我们可以使用不同的分类阈值多次评估逻辑回归模型，但这样做效率非常低。幸运的是，有一种基于排序的高效算法可以为我们提供此类信息，这种算法称为曲线下面积。

曲线下面积全称"ROC 曲线下面积"，也就是说，曲线下面积测量的是从（0,0）到（1,1）之间整个 ROC 曲线以下的整个二维面积，如图 11-40 所示。

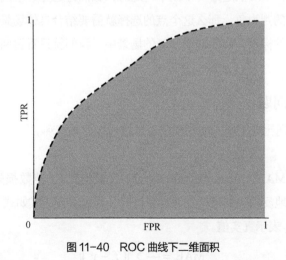

图 11-40 ROC 曲线下二维面积

4. AUC

AUC（Area Under Curve）被定义为 ROC 曲线下的面积（ROC 的积分），通常 0.5<AUC<1。

随机挑选一个正样本以及一个负样本，分类器判定正样本的值高于负样本的概率就是 AUC 值。AUC 值（面积）越大的分类器，性能越好，如图 11-41 所示。

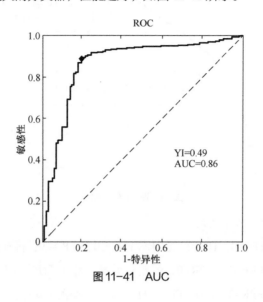

图 11-41　AUC

5. 评估场景

选择模型要结合具体的使用场景，下面是 2 个场景。

（1）地震的预测。对于地震的预测，我们希望的是召回率非常高，也就是说每次地震我们都希望可以预测出来。这个时候我们可以牺牲精确率：宁愿发出 1000 次警报，预测正确 10 次，也不要预测 10 次正确了 8 次却漏了两次。

（2）嫌疑人定罪。基于不错怪一个好人的原则，对于嫌疑人的定罪我们希望是非常准确的。

对于分类器来说，本质上是给一个概率，此时，我们再选择一个阈值点，高于这个点的判为正，低于这个点的判为负。那么这个点的选择就需要结合具体场景去选择。反过来，场景会决定训练模型时的标准，比如地震预测的场景中，我们就只看召回率，其他指标就变得没有意义了。

11.4.2　回归问题

拟合（回归）问题比较简单，所用到的衡量指标也相对直观。

1. 平均绝对误差

平均绝对误差（MAE，Mean Absolute Error）又被称为 L1 范数损失（L1-norm loss）。平均绝对误差能更好地反映预测值误差的实际情况，其数学表达式如式（11-16）所示。

f_i 表示预测值，y_i 表示真实值。

$$\text{MAE} = \frac{1}{N}\sum_{i=1}^{N}\left|(f_i - y_i)\right| \tag{11-16}$$

2. 均方误差

均方误差（MSE，Mean Squared Error）又被称为 L2 范数损失（L2-norm loss）。MSE

可以评价数据的变化程度。MSE 的值越小，说明预测模型描述实验数据具有更好的精确度，其数学表达式如式（11-17）所示。

$$MSE = \frac{SSE}{n} = \frac{1}{n}\sum_{i=1}^{m} w_i\left(y_i - \hat{y}_i\right)^2 \qquad （11-17）$$

3. 均方根误差（RMSE）

RMSE 虽然广为使用，但是其存在一些缺点，因为它是使用平均误差，而平均值对异常点较敏感，如果回归器对某个点的回归值很不理性，那么它的误差则较大，从而会对 RMSE 的值有较大影响，即平均值是非稳健的。RMSE 的数学表达式如式（11-18）所示。

$$RMSE = \sqrt{MSE} = \sqrt{\frac{SSE}{n}} = \sqrt{\frac{1}{n}\sum_{i=1}^{m} w_i\left(y_i - \hat{y}_i\right)^2} \qquad （11-18）$$

第 12 章

实战案例

Kaggle 数据科学竞赛的典型工作流程，分为 7 个阶段。

（1）案例描述。

（2）获取训练和测试数据。

（3）整理、准备、探索数据。

（4）清洗与预处理数据。

（5）建模、预测、选择最优的算法。

（6）可视化，报告和呈现问题解决步骤和最终解决方案。

（7）提交结果。

12.1　泰坦尼克号（完整过程分析）

12.1.1　案例描述

1912 年 4 月 15 日，泰坦尼克号在航行途中与冰山相撞后沉没，2 224 名乘客和机组人员中的 1 517 人丧生，生还率为 32％。沉船事故导致人员丧生的原因之一是没有足够的救生艇供乘客和船员使用。尽管幸存有一定的运气，但是某些群体比其他群体更有可能生存，例如，妇女、儿童和上层阶级。问题是什么样的人在此次事件中生存率更大？

12.1.2　获取训练和测试数据

pandas 库可帮助我们处理数据。当我们获取到训练和测试数据后，将这些数据组合在一起，以便后续对其进行操作。代码如下。

```
# 数据分析与整理
import pandas as pd
import numpy as np
import random as rnd
# 可视化
import seaborn as sns
import matplotlib.pyplot as plt
%matplotlib inline
# 机器学习
from sklearn.linear_model import LogisticRegression
from sklearn.svm import SVC, LinearSVC
from sklearn.ensemble import RandomForestClassifier
from sklearn.neighbors import KNeighborsClassifier
from sklearn.naive_bayes import GaussianNB
from sklearn.linear_model import Perceptron
from sklearn.linear_model import SGDClassifier
```

```
from sklearn.tree import DecisionTreeClassifier
#使用pandas管理数据
train_df = pd.read_csv(r'/work/20200106/day04/train.csv')
test_df = pd.read_csv(r'/work/20200106/day04/test.csv')
combine = [train_df, test_df]
```

12.1.3 整理、准备、探索数据

泰坦尼克号乘客基本信息如图 12-1 所示。

图 12-1 泰坦尼克号乘客基本信息

1. 字段描述

PassengerId：乘客 Id。

Survived：0 代表 NO，1 代表 YES。

Pclass：1、2、3 代表成员的经济社会地位，1 最高，3 最低。

Name：乘客姓名。

Sex：性别。

Age：年龄。

SibSp：由两部分组成，Sibling 代表兄弟姐妹，Spouse 代表丈夫或妻子，描述了与乘客同行的人数。

Parch：由父母和孩子组成，若只跟保姆写 0。

Ticket：票上的数字。

Fare：乘客票价。

Cabin：船舱数字。

Embarked：登船仓 C=Cherbourg，Q=Queenstown，S=Southampton。

2. 特征——数据类型

数据类型如表 12-1 所示。

表 12-1 数据类型

特征	数据类型
PassengerId	整型或浮点型
⋮	⋮
Fare	整型或浮点型
Name	字符串
⋮	⋮
Embarked	字符串

3. 特征——分类

分类数据类型（Survived、Sex、Embarked、Pclass）如图 12-2 所示。

	PassengerId	Survived	Pclass	Name	Sex	Age	SibSp	Parch	Ticket	Fare	Cabin	Embarked
0	1	0	3	Braund, Mr. Owen Harris	male	22.0	1	0	A/5 21171	7.250 0	NaN	S
1	2	1	1	Cumings, Mrs. John Bradley (Florence Briggs Th...	female	38.0	1	0	PC 17599	71.283 3	C85	C
2	3	1	3	Heikkinen, Miss. Laina	female	26.0	0	0	STON/O2. 3101282	7.925 0	NaN	S
3	4	1	1	Futrelle, Mrs. Jacques Heath (Lily May Peel)	female	35.0	1	0	113803	53.100 0	C123	S
4	5	0	3	Allen, Mr. William Henry	male	35.0	0	0	373450	8.050 0	NaN	S

图 12-2　分类数据类型（Survived、Sex、Embarked、Pclass）

4. 特征——连续

连续型的数字特征（Age、Fare）如图 12-3 所示。

	PassengerId	Survived	Pclass	Name	Sex	Age	SibSp	Parch	Ticket	Fare	Cabin	Embarked
0	1	0	3	Braund, Mr. Owen Harris	male	22.0	1	0	A/5 21171	7.250 0	NaN	S
1	2	1	1	Cumings, Mrs. John Bradley (Florence Briggs Th...	female	38.0	1	0	PC 17599	71.283 3	C85	C
2	3	1	3	Heikkinen, Miss. Laina	female	26.0	0	0	STON/O2. 3101282	7.925 0	NaN	S
3	4	1	1	Futrelle, Mrs. Jacques Heath (Lily May Peel)	female	35.0	1	0	113803	53.100 0	C123	S
4	5	0	3	Allen, Mr. William Henry	male	35.0	0	0	373450	8.050 0	NaN	S

图 12-3　连续型的数字特征（Age、Fare）

5. 特征——离散

离散型的数字特征（SibSp、Parch）如图 12-4 所示。

	PassengerId	Survived	Pclass	Name	Sex	Age	SibSp	Parch	Ticket	Fare	Cabin	Embarked
0	1	0	3	Braund, Mr. Owen Harris	male	22.0	1	0	A/5 21171	7.250 0	NaN	S
1	2	1	1	Cumings, Mrs. John Bradley (Florence Briggs Th...	female	38.0	1	0	PC 17599	71.283 3	C85	C
2	3	1	3	Heikkinen, Miss. Laina	female	26.0	0	0	STON/O2. 3101282	7.925 0	NaN	S
3	4	1	1	Futrelle, Mrs. Jacques Heath (Lily May Peel)	female	35.0	1	0	113803	53.100 0	C123	S
4	5	0	3	Allen, Mr. William Henry	male	35.0	0	0	373450	8.050 0	NaN	S

图 12-4　离散型的数字特征（SibSp、Parch）

6. 特征——混合

混合数据类型（Ticket、Cabin）如图 12-5 所示。

	PassengerId	Survived	Pclass	Name	Sex	Age	SibSp	Parch	Ticket	Fare	Cabin	Embarked
0	1	0	3	Braund, Mr. Owen Harris	male	22.0	1	0	A/5 21171	7.250 0	NaN	S
1	2	1	1	Cumings, Mrs. John Bradley (Florence Briggs Th...	female	38.0	1	0	PC 17599	71.283 3	C85	C
2	3	1	3	Heikkinen, Miss. Laina	female	26.0	0	0	STON/O2. 3101282	7.925 0	NaN	S
3	4	1	1	Futrelle, Mrs. Jacques Heath (Lily May Peel)	female	35.0	1	0	113803	53.100 0	C123	S
4	5	0	3	Allen, Mr. William Henry	male	35.0	0	0	373450	8.050 0	NaN	S

图 12-5　混合数据类型（Ticket、Cabin）

Ticket 是混合了数值型以及字符型的数据。Cabin 是字符型数据。

7. Info() 方法

Info() 方法中特征包含空白或空值，如图 12-6 所示。

```
1  train_df.info()
```

```
<class 'pandas.core.frame.DataFrame'>
RangeIndex: 891 entries, 0 to 890
Data columns (total 12 columns):
PassengerId    891 non-null int64
Survived       891 non-null int64
Pclass         891 non-null int64
Sex            891 non-null object
Age            714 non-null float64
SibSp          891 non-null int64
Parch          891 non-null int64
Ticket         891 non-null object
Fare           891 non-null float64
Cabin          204 non-null object
Embarked       889 non-null object
Title          891 non-null int64
dtypes: float64(2), int64(6), object(4)
memory usage: 83.7+ KB
```

```
1  test_df.info()
```

```
<class 'pandas.core.frame.DataFrame'>
RangeIndex: 418 entries, 0 to 417
Data columns (total 11 columns):
PassengerId    418 non-null int64
Pclass         418 non-null int64
Sex            418 non-null object
Age            332 non-null float64
SibSp          418 non-null int64
Parch          418 non-null int64
Ticket         418 non-null object
Fare           417 non-null float64
Cabin          91 non-null object
Embarked       418 non-null object
Title          418 non-null int64
dtypes: float64(2), int64(5), object(4)
memory usage: 36.0+ KB
```

图 12-6 Cabin、Age、Embarked、Fare 特征包含空白或空值

8. 数据分布

（1）一共有 891 个样本，Survived 的标签通过 0 或 1 来区分，大约 38% 的样本是获救的。

（2）大多数乘客（大于 76%）没有与父母或是孩子一起旅行。

（3）大约有 31% 的乘客与亲属一起登船。

（4）票价的差别非常大，少量的乘客（小于 1%）付了高达 512 美元的费用。

（5）少量的乘客（小于 1%）年龄在 64 ~ 80 岁。

① 891 个样本。

通过 train_df.describe() 获取上述信息，如图 12-7 所示。

	PassengerId	Survived	Pclass	Age	SibSp	Parch	Fare	Title
count	891.000000	891.000000	891.000000	714.000000	891.000000	891.000000	891.000000	891.000000
mean	446.000000	0.383838	2.308642	29.699118	0.523008	0.381594	32.204208	1.728395
std	257.353842	0.486592	0.836071	14.526497	1.102743	0.806057	49.693429	1.030039
min	1.000000	0.000000	1.000000	0.420000	0.000000	0.000000	0.000000	1.000000
25%	223.500000	0.000000	2.000000	20.125000	0.000000	0.000000	7.910400	1.000000
50%	446.000000	0.000000	3.000000	28.000000	0.000000	0.000000	14.454200	1.000000
75%	668.500000	1.000000	3.000000	38.000000	1.000000	0.000000	31.000000	2.000000
max	891.000000	1.000000	3.000000	80.000000	8.000000	6.000000	512.329200	5.000000

图 12-7 样本特征值的分布

② 38% 的乘客生存率。

通过 train_df.describe(percentiles=[.61, .62]) 来查看数据集，我们可以了解到乘客生存率
为 38%，如图 12-8 所示。

	PassengerId	Survived	Pclass	Age	SibSp	Parch	Fare	Title
count	891.000 000	891.000 000	891.000 000	714.000 000	891.000 000	891.000 000	891.000 000	891.000 000
mean	446.000 000	0.383 838	2.308 642	29.699 118	0.523 008	0.381 594	32.204 208	1.728 395
std	257.353 842	0.486 592	0.836 071	14.526 497	1.102 743	0.806 057	49.693 429	1.030 039
min	1.000 000	0.000 000	1.000 000	0.420 000	0.000 000	0.000 000	0.000 000	1.000 000
50%	446.000 000	0.000 000	3.000 000	28.000 000	0.000 000	0.000 000	14.454 200	1.000 000
61%	543.900 000	0.000 000	3.000 000	32.000 000	0.000 000	0.000 000	23.225 000	2.000 000
62%	552.800 000	1.000 000	3.000 000	32.000 000	0.000 000	0.000 000	24.150 000	2.000 000
max	891.000 000	1.000 000	3.000 000	80.000 000	8.000 000	6.000 000	512.329 200	5.000 000

图 12-8　乘客生存率为 38%

③ 超过 76% 的乘客没有与父母或孩子一起旅行。

通过 train_df.describe(percentiles=[.76, .77]) 来查看 Parch 的分布，如图 12-9 所示。

	PassengerId	Survived	Pclass	Age	SibSp	Parch	Fare	Title
count	891.000 000	891.000 000	891.000 000	714.000 000	891.000 000	891.000 000	891.000 000	891.000 000
mean	446.000 000	0.383 838	2.308 642	29.699 118	0.523 008	0.381 594	32.204 208	1.728 395
std	257.353 842	0.486 592	0.836 071	14.526 497	1.102 743	0.806 057	49.693 429	1.030 039
min	1.000 000	0.000 000	1.000 000	0.420 000	0.000 000	0.000 000	0.000 000	1.000 000
50%	446.000 000	0.000 000	3.000 000	28.000 000	0.000 000	0.000 000	14.454 200	1.000 000
76%	677.400 000	1.000 000	3.000 000	39.000 000	1.000 000	0.000 000	31.387 500	2.000 000
77%	686.300 000	1.000 000	3.000 000	39.000 000	1.000 000	1.000 000	33.656 240	2.000 000
max	891.000 000	1.000 000	3.000 000	80.000 000	8.000 000	6.000 000	512.329 200	5.000 000

图 12-9　大多数乘客（大于 76%）没有与父母或孩子一起旅行

④ 大约 31% 的乘客与亲属一起登船。

通过 train_df.describe(percentiles=[.68, .69]) 来查看 SibSp 的分布，如图 12-10 所示。

	PassengerId	Survived	Pclass	Age	SibSp	Parch	Fare	Title
count	891.000 000	891.000 000	891.000 000	714.000 000	891.000 000	891.000 000	891.000 000	891.000 000
mean	446.000 000	0.383 838	2.308 642	29.699 118	0.523 008	0.381 594	32.204 208	1.728 395
std	257.353 842	0.486 592	0.836 071	14.526 497	1.102 743	0.806 057	49.693 429	1.030 039
min	1.000 000	0.000 000	1.000 000	0.420 000	0.000 000	0.000 000	0.000 000	1.000 000
50%	446.000 000	0.000 000	3.000 000	28.000 000	0.000 000	0.000 000	14.454 200	1.000 000
68%	606.200 000	1.000 000	3.000 000	35.000 000	0.000 000	0.000 000	26.307 500	2.000 000
69%	615.100 000	1.000 000	3.000 000	35.000 000	1.000 000	0.000 000	26.550 000	2.000 000
max	891.000 000	1.000 000	3.000 000	80.000 000	8.000 000	6.000 000	512.329 200	5.000 000

图 12-10　大约 31% 的乘客与亲属一起登船

⑤ 少于 1% 的乘客付了高达 512 美元的费用，少于 1% 的乘客年龄在 64 ～ 80 岁。

通过 train_df.describe(percentiles=[.1, .2, .3, .4, .5, .6, .7, .8, .9, .99]) 来查看 Age 和 Fare 的分布，如图 12-11 所示。

	PassengerId	Survived	Pclass	Age	SibSp	Parch	Fare	Title
count	891.000 000	891.000 000	891.000 000	714.000 000	891.000 000	891.000 000	891.000 000	891.000 000
mean	446.000 000	0.383 838	2.308 642	29.699 118	0.523 008	0.381 594	32.204 208	1.728 395
std	257.353 842	0.486 592	0.836 071	14.526 497	1.102 743	0.806 057	49.693 429	1.030 039
min	1.000 000	0.000 000	1.000 000	0.420 000	0.000 000	0.000 000	0.000 000	1.000 000
10%	90.000 000	0.000 000	1.000 000	14.000 000	0.000 000	0.000 000	7.550 000	1.000 000
20%	179.000 000	0.000 000	1.000 000	19.000 000	0.000 000	0.000 000	7.854 200	1.000 000
30%	268.000 000	0.000 000	2.000 000	22.000 000	0.000 000	0.000 000	8.050 000	1.000 000
40%	357.000 000	0.000 000	2.000 000	25.000 000	0.000 000	0.000 000	10.500 000	1.000 000
50%	446.000 000	0.000 000	3.000 000	28.000 000	0.000 000	0.000 000	14.454 200	1.000 000
60%	535.000 000	0.000 000	3.000 000	31.800 000	0.000 000	0.000 000	21.679 200	2.000 000
70%	624.000 000	1.000 000	3.000 000	36.000 000	1.000 000	0.000 000	27.000 000	2.000 000
80%	713.000 000	1.000 000	3.000 000	41.000 000	1.000 000	1.000 000	39.687 500	2.000 000
90%	802.000 000	1.000 000	3.000 000	50.000 000	1.000 000	2.000 000	77.958 300	3.000 000
99%	882.100 000	1.000 000	3.000 000	65.870 000	5.000 000	4.000 000	249.006 220	5.000 000
max	891.000 000	1.000 000	3.000 000	80.000 000	8.000 000	6.000 000	512.329 200	5.000 000

图 12-11　很少的乘客（小于 1%）年龄在 64 ～ 80，少量的乘客（小于 1%）付了高达 512 美元的费用

9. 数据分布特征——离散

离散型数据的分布如下。

（1）Sex 特征中有 65% 为男性。

（2）Cabin 的 count 与 unique 并不相等，这说明有些乘客会共享一个 Cabin。

（3）Embarked 一共有 3 种取值，其中从 S 港口登船的人最多。

（4）Ticket 的特征下，有 22% 左右的重复值（unique=681）。

可以通过 train_df.describe(include=['O']) 方法获得以上信息，如图 12-12 所示。

	Sex	Ticket	Cabin	Embarked
count	891	891	204	889
unique	2	681	147	3
top	male	1601	B96 B98	S
freq	577	7	4	644

图 12-12　离散型数据的分布

10. 特征相关性分析

为了确认某些观察和假设，可以通过要素间的相互对立来快速分析其相关性。根据之前的问题描述或已有的数据，我们也可以提出以下假设。

（1）女人（Sex=female）有更大的存活率，如图 12-13 所示。

```
1    train_df[['Sex', 'Survived']].groupby(['Sex'], as_index=False).mean()
```

	Sex	Survived
0	female	0.742 038
1	male	0.188 908

图 12-13　女人（Sex=female）更有可能存活

（2）上等仓的乘客（Pclass=1）有更大的存活率，如图 12-14 所示。

```
1  train_df[['Pclass', 'Survived']].groupby(['Pclass'], as_index=False).mean()
```

	Pclass	Survived
0	1	0.629 630
1	2	0.472 826
2	3	0.242 363

图 12-14　乘客（Pclass=1）有更大的存活率

（3）SibSp 和 Parch 与 Survived 有相关性，如图 12-15 所示。

```
1  train_df[['SibSp','Survived']].groupby(['SibSp'],as_index=False).mean().sort_values(by='Survived',ascending=False)
```

	SibSp	Survived
1	1	0.535 885
2	2	0.464 286
0	0	0.345 395
3	3	0.250 000
4	4	0.166 667
5	5	0.000 000
6	8	0.000 000

```
1  train_df[['Parch','Survived']].groupby(['Parch'],as_index=False).mean().sort_values(by='Survived',ascending=False)
```

	Parch	Survived
3	3	0.600 000
1	1	0.550 847
2	2	0.500 000
0	0	0.343 658
5	5	0.200 000
4	4	0.000 000
6	6	0.000 000

图 12-15　SibSp 和 Parch 与 Survived 有相关性

从图 12-15 中观察到如下信息：SibSp 和 Parch 特征下有些值与 Survived 有相关性，有些值则毫无相关性。所以我们可能需要基于这些单独的特征或一系列特征创建一个新特征，以进一步分析。

（4）Age 与 Survived 有相关性。

我们可以通过以下代码来画出 Age 的柱状图，如图 12-16 所示。

```
g = sns.FacetGrid(train_df, col='Survived')
g.map(plt.hist, 'Age', bins=20)
plt.show()
```

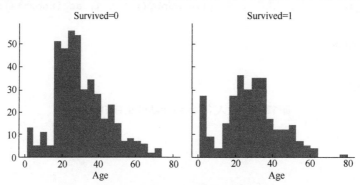

图 12-16　Age 与 Survived 有相关性

从图 12-16 中观察到如下信息：婴儿（Age ≤ 4）有较高的生存率（20 个 bin，每个 bin 的值为 4）；老人（Age=80）全部生还；大量的年龄在 19 ~ 25 岁的乘客没有生还；船上乘客年龄主要在 19 ~ 35 岁。

12.1.4 清洗与预处理数据

我们根据数据集已经收集了一些假设与结论。到现在为止，我们暂时还没有对任何特征或数据进行处理。我们会根据之前做的假设与结论，以修正数据、创造数据及补全数据为目标，对数据进行处理。

1. 修正数据

通过丢弃某些特征，我们处理更少的数据点，这让数据分析变得更简单。我们丢弃 Cabin 和 Ticket 这两个特征。注意，为了保持数据的一致，我们需要同时将训练集与测试集中的这两个特征均丢弃。

（1）丢弃 "Ticket" 与 "Cabin" 这两个特征。代码如下。

```
train_df = train_df.drop(['Ticket', 'Cabin'], axis=1)
test_df = test_df.drop(['Ticket', 'Cabin'], axis=1)
combine = [train_df, test_df]
```

（2）female 转换为 1，male 转换为 0。代码如下。

```
for dataset in combine:
    dataset['Sex'] = dataset['Sex'].map({'female':1, 'male':0}).astype(int)
train_df.head()
```

结果如图 12-17 所示。

	PassengerId	Survived	Pclass	Name	Sex	Age	SibSp	Parch	Ticket	Fare	Cabin	Embarked	Title
0	1	0	3	Braund, Mr. Owen Harris	0	22.0	1	0	A/5 21171	7.250 0	NaN	S	1
1	2	1	1	Cumings, Mrs. John Bradley (Florence Briggs Th...	1	38.0	1	0	PC 17599	71.283 3	C85	C	3
2	3	1	3	Heikkinen, Miss. Laina	1	26.0	0	0	STON/O2. 3101282	7.925 0	NaN	S	2
3	4	1	1	Futrelle, Mrs. Jacques Heath (Lily May Peel)	1	35.0	1	0	113803	53.100 0	C123	S	3
4	5	0	3	Allen, Mr. William Henry	0	35.0	0	0	373450	8.050 0	NaN	S	1

图 12-17 female 转换为 1，male 转换为 0

2. 创建数据——Title 特征

（1）提取 Title 特征。

我们在丢弃 Name 与 PassengerId 这两个特征之前，希望从 Name 特征中提取 Title 的特征，并测试 Title 与 Survival 之间的关系。西方姓名中间会加入称呼，比如男童会在名字中间加入 Master，女性根据年龄段及婚姻状况不同也会使用 Miss 或 Mrs 等，这算是基于对业务的理解做的衍生特征。代码如下。

```
for dataset in combine:
    dataset['Title'] = dataset['Name'].str.extract('([A-Za-z]+)\.', expand=False)
pd.crosstab(dataset['Title'],dataset['Sex'])
```

结果如图 12-18 所示。

（2）Title 中常见的称呼用"Rare"来代替。代码如下。

```
for dataset in combine:
    dataset['Title'] = dataset['Title'].replace(['Lady', 'Countess', 'Capt',
                                                  'Col', 'Don', 'Dr', 'Major',
                                                  'Rev', 'Sir', 'Jonkheer', 'Dona'],
                                                  'Rare')
    dataset['Title'] = dataset['Title'].replace('Mlle', 'Miss')
    dataset['Title'] = dataset['Title'].replace('Ms', 'Miss')
    dataset['Title'] = dataset['Title'].replace('Mme', 'Mrs')
train_df[['Title', 'Survived']].groupby(['Title'], as_index=False).mean()
```

结果如图 12-19 所示。

Sex	female	male
Title		
Col	0	2
Dona	1	0
Dr	0	1
Master	0	21
Miss	78	0
Mr	0	240
Mrs	72	0
Ms	1	0
Rev	0	2

图 12-18　Title 特征 1

	Title	Survived
0	Master	0.575 000
1	Miss	0.702 703
2	Mr	0.156 673
3	Mrs	0.793 651
4	Rare	0.347 826

图 12-19　Title 特征 2

（3）离散型的 Title 转换为有序的数值型。代码如下。

```
title_mapping = {"Mr":1, "Miss":2, "Mrs":3, "Master":4, "Rare":5}
for dataset in combine:
    dataset['Title'] = dataset['Title'].map(title_mapping)
dataset['Title'] = dataset['Title'].fillna(0)
train_df.head()
```

结果如图 12-20 所示。

	PassengerId	Survived	Pclass	Name	Sex	Age	SibSp	Parch	Ticket	Fare	Cabin	Embarked	Title
0	1	0	3	Braund, Mr. Owen Harris	male	22.0	1	0	A/5 21171	7.250 0	NaN	S	1
1	2	1	1	Cumings, Mrs. John Bradley (Florence Briggs Th...	female	38.0	1	0	PC 17599	71.283 3	C85	C	3
2	3	1	3	Heikkinen, Miss. Laina	female	26.0	0	0	STON/O2. 3101282	7.925 0	NaN	S	2
3	4	1	1	Futrelle, Mrs. Jacques Heath (Lily May Peel)	female	35.0	1	0	113803	53.100 0	C123	S	3
4	5	0	3	Allen, Mr. William Henry	male	35.0	0	0	373450	8.050 0	NaN	S	1

图 12-20　Title 特征——数值型

3. 丢弃 Name 特征和 PassengerId 特征

现在从训练集与测试集里丢弃 Name 特征，同时我们也不再需要训练集里的 PassengerId 特征。

```
train_df = train_df.drop(['Name', 'PassengerId'], axis=1)
test_df = test_df.drop(['Name'], axis=1)
combine = [train_df, test_df]
```

查看新特征 Title 与获救率的关系：train_df[[' Title ', ' Survived ']].groupby([' Title '], as_index=False).mean()，如图 12-21 所示。

	Title	Survived
0	1	0.156 673
1	2	0.702 703
2	3	0.793 651
3	4	0.575 000
4	5	0.347 826

图 12-21　新特征 Title 与获救率的关系

4. 创建数据——IsAlone 特征

首先，通过已有的特征组合出新特征 FamilySize。组合 Parch 和 SibSp 特征，创建一个新的 FamilySize 特征。代码如下。结果如图 12-22 所示。

```
for dataset in combine:
    dataset['FamilySize'] = dataset['SibSp'] + dataset['Parch'] + 1
train_df[['FamilySize', 'Survived']].groupby(['FamilySize'], as_index=False).mean().sort_values(by=' Survived', ascending=False)
```

然后，通过 FamilySize 特征，创建另一个名为 IsAlone 的特征。代码如下。

```
for dataset in combine:
    dataset['IsAlone'] = 0
    dataset.loc[dataset['FamilySize'] == 1, 'IsAlone'] = 1
train_df[['IsAlone', 'Survived']].groupby(['IsAlone'], as_index=False).mean()
```

结果如图 12-23 所示。

	FamilySize	Survived
3	4	0.724 138
2	3	0.578 431
1	2	0.552 795
6	7	0.333 333
0	1	0.303 538
4	5	0.200 000
5	6	0.136 364
7	8	0.000 000
8	11	0.000 000

	IsAlone	Survived
0	0	0.505 650
1	1	0.303 538

图 12-22　FamilySize 特征　　　　图 12-23　IsAlone 特征

最后，丢弃 Parch、SibSp 以及 FamilySize 特征，保留 IsAlone 特征。代码如下。

```
train_df = train_df.drop(['Parch', 'SibSp', 'FamilySize'], axis=1)
test_df = test_df.drop(['Parch', 'SibSp', 'FamilySize'], axis=1)
combine = [train_df, test_df]
train_df.head()
```

结果如图 12-24 所示。

	Survived	Pclass	Sex	Age	Fare	Embarked	Title	IsAlone
0	0	3	0	1	7.250 0	S	1	0
1	1	1	1	2	71.283 3	C	3	0
2	1	3	1	1	7.925 0	S	2	1
3	1	1	1	2	53.100 0	S	3	0
4	0	3	0	2	8.050 0	S	1	1

图 12-24　丢弃 Parch、SibSp 以及 FamilySize 的特征

5. 创建数据——'Age*Class' 组合特征

创建一个结合了 Pclass 和 Age 的特征。代码如下。

```
for dataset in combine:
    dataset['Age*Class'] = dataset.Age * dataset.Pclass
train_df.loc[:, ['Age*Class', 'Age', 'Pclass']].head(10)
```

结果如图 12-25 所示。

6. 补全数据——Age 连续数值型特征

为含 null 值或丢失值的特征补全数据。我们为 Age 特征补全数据。

补全连续数值型特征数据的方法有以下 3 种。

方法一，属于简单方法。产生一个随机数，这个随机数的范围在这个特征的平均值以及标准差之间。

方法二，更精准的一个做法。使用与它相关的特征来做一个猜测。在这个案例中，我们发现 Age，Gender 和 Pclass 之间有关联。所以我们会使用一系列 Pclass 和 Gender 特征组合后的中值，作为猜测的 Age 值。我们会有一系列的猜测值，如当 Pclass=1 且 Gender=0 时，当 Pclass=1 且 Gender=1 时等。

	Age*Class	Age	Pclass
0	3	1	3
1	2	2	1
2	3	1	3
3	2	2	1
4	6	2	3
5	3	1	3
6	3	3	1
7	0	0	3
8	3	1	3
9	0	0	2

图 12-25　'Age*Class' 组合特征

方法三，结合以上两种方法。根据一系列 Pclass 与 Gender 的组合，并使用第一种方法中提到的随机数来猜测缺失的 Age 值。

方法一与方法三会在模型里引入随机噪声，每次的结果可能会有所不同。所以我们更倾向于使用方法二。使用 Pclass+Sex+Age 的组合，代码如下。结果如图 12-26 所示。

```
    grid = sns.FacetGrid(train_df, row='Pclass', col='Sex', height=2.0,
aspect=3.0)
    grid.map(plt.hist, 'Age', alpha=.8, bins=20)
    plt.show()
```

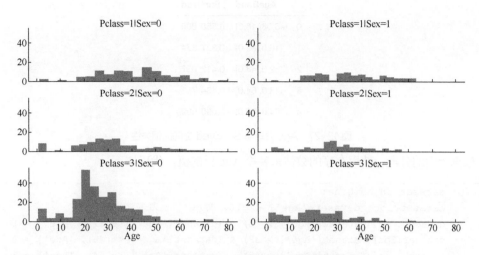

图12-26　Pclass+Sex+Age 的组合关系

首先，我们先准备一个空的数组来存储猜测的年龄，因为是 **Pclass** 与 **Sex** 的组合，所以数组大小为 2×3。代码如下。

```
guess_ages = np.zeros((2, 3))
```

然后，我们可以对 **Sex**（0 或 1）和 **Pclass**（1，2，3）进行迭代，并计算出在 6 种组合下所得到的猜测值（**Age**）。代码如下。

```
for dataset in combine:
    for i in range(0, 2):
        for j in range(0, 3):
            guess_df = dataset[(dataset['Sex'] == i) & (dataset['Pclass']
                            == j+1)]['Age'].dropna()
            age_guess = guess_df.median()
            # Convert random age float to nearest .5 age
            guess_ages[i, j] = int(age_guess / 0.5 + 0.5) * 0.5
    for i in range(0, 2):
            for j in range(0, 3):
                dataset.loc[ (dataset.Age.isnull()) & (dataset.Sex == i) &
                            (dataset.Pclass == j+1),'Age'] = guess_ages[i,j]
    dataset['Age'] = dataset['Age'].astype(int)
train_df.head()
```

接着，我们对 **Age** 进行分段，并查看每段与 **Survived** 之间的相关性。代码如下。

```
train_df['AgeBand'] = pd.cut(train_df['Age'], 5)
train_df[['AgeBand','Survived' ]].groupby(['AgeBand'],as_index=False).
mean().sort_values(by='AgeBand',ascending=True)
```

结果如图 12-27 所示。

	AgeBand	Survived
0	(-0.08, 16.0]	0.550 000
1	(16.0, 32.0]	0.337 374
2	(32.0, 48.0]	0.412 037
3	(48.0, 64.0]	0.434 783
4	(64.0, 80.0]	0.090 909

图 12-27　Age 分段与 Survived 之间的相关性

根据上面的分段，使用有序的数值来替换 Age 里的值。代码如下。

```
for dataset in combine:
    dataset.loc[ dataset['Age'] <= 16, 'Age'] = 0
    dataset.loc[(dataset['Age'] > 16) & (dataset['Age'] <= 32), 'Age'] = 1
    dataset.loc[(dataset['Age'] > 32) & (dataset['Age'] <= 48), 'Age'] = 2
    dataset.loc[(dataset['Age'] > 48) & (dataset['Age'] <= 64), 'Age'] = 3
    dataset.loc[ dataset['Age'] > 64, 'Age']
train_df.head()
```

结果如图 12-28 所示。

	PassengerId	Survived	Pclass	Name	Sex	Age	SibSp	Parch	Ticket	Fare	Cabin	Embarked	Title	AgeBand
0	1	0	3	Braund, Mr. Owen Harris	0	1	1	0	A/5 21171	7.250 0	NaN	S	1	(16.0, 32.0]
1	2	1	1	Cumings, Mrs. John Bradley (Florence Briggs Th...	1	2	1	0	PC 17599	71.283 3	C85	C	3	(32.0, 48.0]
2	3	1	3	Heikkinen, Miss. Laina	1	1	0	0	STON/O2. 3101282	7.925 0	NaN	S	2	(16.0, 32.0]
3	4	1	1	Futrelle, Mrs. Jacques Heath (Lily May Peel)	1	2	1	0	113803	53.100 0	C123	S	3	(32.0, 48.0]
4	5	0	3	Allen, Mr. William Henry	0	2	0	0	373450	8.050 0	NaN	S	1	(32.0, 48.0]

图 12-28　Age 分段与 Survived 之间的相关性

最后，我们可以丢弃 AgeBand 特征。代码如下。

```
train_df = train_df.drop(['AgeBand'], axis=1)
combine = [train_df, test_df]
train_df.head()
```

结果如图 12-29 所示。

	PassengerId	Survived	Pclass	Name	Sex	Age	SibSp	Parch	Ticket	Fare	Cabin	Embarked	Title
0	1	0	3	Braund, Mr. Owen Harris	0	1	1	0	A/5 21171	7.250 0	NaN	S	1
1	2	1	1	Cumings, Mrs. John Bradley (Florence Briggs Th...	1	2	1	0	PC 17599	71.283 3	C85	C	3
2	3	1	3	Heikkinen, Miss. Laina	1	1	0	0	STON/O2. 3101282	7.925 0	NaN	S	2
3	4	1	1	Futrelle, Mrs. Jacques Heath (Lily May Peel)	1	2	1	0	113803	53.100 0	C123	S	3
4	5	0	3	Allen, Mr. William Henry	0	2	0	0	373450	8.050 0	NaN	S	1

图 12-29　丢弃 AgeBand 特征

7. 补全数据——Embarked 离散型特征

Embarked 特征主要有 3 个值，分别为 S、Q、C，对应了 3 个登船港口。在训练集中，有 2 个缺失值，我们使用频率最高的值来填充这个缺失值，代码如下。

```
freq_port = train_df.Embarked.dropna().mode()[0]
freq_port
for dataset in combine:
    dataset['Embarked'] = dataset['Embarked'].fillna(freq_port)
train_df[['Embarked', 'Survived']].groupby(['Embarked'], as_index=False).
mean().sort_values(by='Survived', ascending=False)
```

填充后的效果，如图 12-30 所示。

	Embarked	Survived
0	C	0.553 571
1	Q	0.389 610
2	S	0.339 009

图 12-30 Embarked 特征

然后，将 Embarked 特征转换为数值型。代码如下。

```
for dataset in combine:
    dataset['Embarked'] = dataset['Embarked'].map({'S': 0, 'C': 1, 'Q':
2}).astype(int)
train_df.head()
```

结果如图 12-31 所示。

	Survived	Pclass	Sex	Age	Fare	Embarked	Title	IsAlone	Age*Class
0	0	3	0	1	7.250 0	0	1	0	3
1	1	1	1	2	71.283 3	1	3	0	2
2	1	3	1	1	7.925 0	0	2	1	3
3	1	1	1	2	53.100 0	0	3	0	2
4	0	3	0	2	8.050 0	0	1	1	6

图 12-31 Embarked 特征转换为数值型

8. 补全数据——Fare 数值型特征

首先，查看测试集中的 Fare 特征。在补全时，使用最频繁出现的数据用于补全缺失值。
代码如下。

```
test_df['Fare'].fillna(test_df['Fare'].dropna().median(), inplace=True)
test_df.head()
```

结果如图 12-32 所示。

	PassengerId	Pclass	Sex	Age	Fare	Embarked	Title	IsAlone	Age*Class
0	892	3	0	2	7.829 2	2	1	1	6
1	893	3	1	2	7.000 0	0	3	0	6
2	894	2	0	3	9.687 5	2	1	1	6
3	895	3	0	1	8.662 5	0	1	1	3
4	896	3	1	1	12.287 5	0	3	0	3

图 12-32 Fare 数值型特征

然后, 将 Fare 数值型特征分段。代码如下。

```
train_df['FareBand'] = pd.qcut(train_df['Fare'], 4)
train_df[['FareBand', 'Survived']].groupby(['FareBand'], as_index=False).
mean().sort_values(by='FareBand', ascending=True)
```

结果如图 12-33 所示。

	FareBand	Survived
0	(-0.001, 7.91]	0.197 309
1	(7.91, 14.454]	0.303 571
2	(14.454, 31.0]	0.454 955
3	(31.0, 512.329]	0.581 081

图 12-33　Fare 数值型特征分段

最后, 将 Fare 转换为有序的数值型特征。根据分段后的特征 FareBand, 将 Fare 转换为有序的数值型特征。代码如下。

```
for dataset in combine:
    dataset.loc[ dataset['Fare'] <= 7.91, 'Fare'] = 0
    dataset.loc[(dataset['Fare'] > 7.91) & (dataset['Fare'] <= 14.454),
'Fare'] = 1
    dataset.loc[(dataset['Fare'] > 14.454) & (dataset['Fare'] <= 31),
'Fare'] = 2
    dataset.loc[dataset['Fare'] > 31, 'Fare'] = 3
    dataset['Fare'] = dataset['Fare'].astype(int)
train_df = train_df.drop(['FareBand'], axis=1)
combine = [train_df, test_df]
train_df.head(10)
```

结果如图 12-34 所示。

	Survived	Pclass	Sex	Age	Fare	Embarked	Title	IsAlone	Age*Class
0	0	3	0	1	0	0	1	0	3
1	1	1	1	2	3	1	3	0	2
2	1	3	1	1	1	0	2	1	3
3	1	1	1	2	3	0	3	0	2
4	0	3	0	2	1	0	1	1	6
5	0	3	0	1	1	2	1	1	3
6	0	1	0	3	3	0	1	1	3
7	0	3	0	0	2	0	4	0	0
8	1	3	1	1	1	0	3	0	3
9	1	2	1	0	2	1	3	0	0

图 12-34　将 Fare 转换为有序的数值型特征

9. 与 Survived 相关性最强的十项特征

取出与 Survived 相关性最强的十项特征, 一般颜色越深相关性越强或数值越大相关性越强。对角线全部为 1，是因为自身与自身关联，负数代表负相关。例如 Pclass 特征，Pclass=1 获救率（Survived）高。随着 Pclass=2、Pclass=3 获救率（Survived）越来越低。代码如下。

```
corrmat = train_df.corr()
k = 10
cols = corrmat.nlargest(k,'Survived')['Survived'].index  # 取出与 Survived 相
关性最强的十项
cm = np.corrcoef(train_df[cols].values.T)  # 相关系数
sns.set(font_scale = 1.25)
hm = sns.heatmap(cm,cbar = True,annot = True,square = True ,fmt = '.2f',
annot_kws = {'size': 10},yticklabels = cols.values,xticklabels = cols.
values)
plt.show()
```

效果如图 12-35 所示。

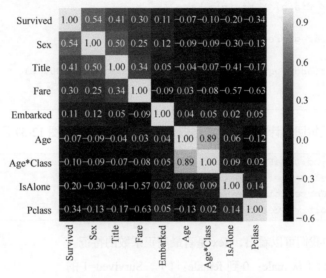

图 12-35　Survived 相关性最大的十项特征

12.1.5　建模、预测、选择最优的算法

现在我们已经做好了训练模型的准备，在模型训练完成后，我们即可应用它来解决问题。对于预测的问题，我们至少有 60 多种算法可供选择。所以我们必须理解问题的类型和解决方案的需求，这样才能缩小模型的选择范围。现在这个问题是一个分类与回归的问题，我们希望找出输出（Survived）与其他特征（Sex，Age 等）之间的关系。因为给定了训练集，所以这在机器学习里是一个有监督学习。

所以现在对算法的需求是：有监督学习加上分类与回归。根据这个条件，我们可选择的算法有逻辑回归、SVM、KNN、朴素贝叶斯、Perceptron、Linear SVC、随机梯度下降、决策树及随机森林等。

获取并查看训练集与测试集。代码如下。

```
X_train = train_df.drop('Survived', axis=1)
Y_train = train_df['Survived']
X_test = test_df.drop('PassengerId', axis=1).copy()
X_train.shape, Y_train.shape, X_test.shape
```

结果如图 12-36 所示。

1. 逻辑回归

逻辑回归是一个非常有用的模型，它通过使用

$$((891, 8), (891, 1), (418, 8))$$

图 12-36　训练集与测试集

估计概率的方法衡量了离散型特征与其他特征之间的关系，是一个渐增型的逻辑分布。代码如下。

```
logreg = LogisticRegression()
# 训练模型
logreg.fit(X_train, Y_train)
# 预测模型
Y_pred = logreg.predict(X_test)
# 评估模型
acc_log = round(logreg.score(X_train, Y_train) * 100, 2)
acc_log
#80.36
```

我们可以用逻辑回归计算特征值的系数，代码如下。结果如图 12-37 所示。

```
coeff_df = pd.DataFrame(train_df.columns.delete(0))
coeff_df.columns = ['Feature']
coeff_df["Correlation"] = pd.Series(logreg.coef_[0])
coeff_df.sort_values(by='Correlation', ascending=False)
```

从图 12-37 中我们可以看出，Sex 是有最高正系数的特征。当 Sex 的值增加时（从 male：0 到 female：1），Survived=1 的概率增加最多。相反的，当 Pclass 的值增加时，Survived=1 的概率减少最多。从结果来看，创建的新特征 Age*Class 非常有用，因为它与 Survived 的负相关性是第二高的，Title 是第二高的正系数特征。

	Feature	Correlation
1	Sex	2.201 527
5	Title	0.398 234
2	Age	0.287 164
4	Embarked	0.261 762
6	IsAlone	0.129 140
3	Fare	-0.085 150
7	Age*Class	-0.311 199
0	Pclass	-0.749 006

图 12-37　逻辑回归特征值的系数

2. SVM

支持向量机模型代码如下。

```
svc = SVC()
# 训练模型
svc.fit(X_train, Y_train)
# 预测模型
Y_pred = svc.predict(X_test)
# 评估模型
acc_svc = round(svc.score(X_train, Y_train) * 100, 2)
acc_svc
#83.84
```

可以看到使用 SVM 后的正确率得到了提升。

3. KNN

邻近算法模型代码如下。

```
knn = KNeighborsClassifier(n_neighbors = 3)
# 训练模型
knn.fit(X_train, Y_train)
# 预测模型
Y_pred = knn.predict(X_test)
# 评估模型
acc_knn = round(knn.score(X_train, Y_train) * 100, 2)
acc_knn
#84.74
```

可以看到使用 KNN 的正确率比 SVM 更高。

4. 朴素贝叶斯

朴素贝叶斯模型代码如下。

```
gaussian = GaussianNB()
# 训练模型
gaussian.fit(X_train, Y_train)
# 预测模型
Y_pred = gaussian.predict(X_test)
# 评估模型
acc_gaussian = round(gaussian.score(X_train, Y_train) * 100, 2)
acc_gaussian
#72.28
```

在这个问题中使用朴素贝叶斯不是一个很好的选择，从当前来看，它的正确率是最低的。

5. Perceptron（感知机）

感知机模型代码如下。

```
perceptron = Perceptron()
# 训练模型
perceptron.fit(X_train, Y_train)
# 预测模型
Y_pred = perceptron.predict(X_test)
# 评估模型
acc_perceptron = round(perceptron.score(X_train, Y_train) * 100, 2)
acc_perceptron
#78.0
```

可以看到，Perceptron 的正确率也不高。

6. Linear SVC

线性分类支持向量机模型代码如下。

```
linear_svc = LinearSVC()
# 训练模型
linear_svc.fit(X_train, Y_train)
# 预测模型
Y_pred = linear_svc.predict(X_test)
# 评估模型
acc_linear_svc = round(linear_svc.score(X_train, Y_train) * 100, 2)
acc_linear_svc
#79.01
```

7. 随机梯度下降

随机梯度下降分类器模型代码如下。

```
sgd = SGDClassifier()
# 训练模型
sgd.fit(X_train, Y_train)
# 预测模型
Y_pred = sgd.predict(X_test)
# 评估模型
acc_sgd = round(sgd.score(X_train, Y_train) * 100, 2)
acc_sgd
#69.92
```

8. 决策树

决策树分类模型代码如下。

```
decision_tree = DecisionTreeClassifier()
# 训练模型
decision_tree.fit(X_train, Y_train)
# 预测模型
Y_pred = decision_tree.predict(X_test)
# 评估模型
acc_decision_tree = round(decision_tree.score(X_train, Y_train) * 100, 2)
acc_decision_tree
#86.76
```

可以看到，使用决策树的算法使得正确率达到了一个更高的值。在目前为止，它的正确率是最高的。

9. 随机森林

随机森林分类模型代码如下。

```
random_forest = RandomForestClassifier(n_estimators=100)
# 训练模型
random_forest.fit(X_train, Y_train)
# 预测模型
Y_pred = random_forest.predict(X_test)
# 评估模型
acc_random_forest = round(random_forest.score(X_train, Y_train) * 100, 2)
acc_random_forest
#86.76
```

通过比较模型的正确率，我们决定使用最高正确率的模型，即随机森林的输出作为结果提交。

10. 模型评价

模型评价代码如下。

```
models = pd.DataFrame({
    'Model': ['Support Vector Machines', 'KNN', 'Logistic Regression',
              'Random Forest', 'Naive Bayes', 'Perceptron',
              'Stochastic Gradient Decent', 'Linear SVC',
              'Decision Tree'],
    'Score': [acc_svc, acc_knn, acc_log,
              acc_random_forest, acc_gaussian, acc_perceptron,
              acc_sgd, acc_linear_svc, acc_decision_tree]})
models.sort_values(by='Score', ascending=False)
```

结果如图 12-38 所示。

	Model	Score
3	Random Forest	86.76
8	Decision Tree	86.76
1	KNN	84.74
0	Support Vector Machines	83.84
2	Logistic Regression	80.36
7	Linear SVC	79.01
5	Perceptron	78.00
6	Stochastic Gradient Decent	72.50
4	Naive Bayes	72.28

图 12-38　模型评价

其中决策树与随机森林的正确率最高，但是我们在这里会选择随机森林算法，因为它相对于决策树来说，弥补了决策树有可能过拟合的问题。

11. 生成 Kaggle 格式数据

生成 Kaggle 格式数据的代码如下。

```
 submission = pd.DataFrame({"PassengerId": test_df["PassengerId"],
"Survived": Y_pred})
```

12.2　电信单用户转合约预测

12.2.1　案例描述

电信单用户是指，用户的电信卡只有打电话、上网等基本功能，按需缴费，固定费用一般较低。电信合约用户是指,用户的电信卡除了打电话、上网等基本功能外还可以绑定高流量包、宽带等,固定费用较高。所以对于一些电话较多,流量使用量大的用户,使用电信合约式的电信卡更合适,可以节省费用。

该案例流程,分 6 个步骤。

(1)案例描述。

(2)获取训练和测试数据。

(3)探索数据。

(4)清洗与预处理数据。

(5)建模、预测、选择最优的算法。

(6)模型评估。

12.2.2　代码实现

1. 获取训练和测试数据

获取训练和测试数据如图 12-39 所示。

```
import numpy as np
import pandas as pd
import seaborn as sns
import matplotlib.pylab as plt

from sklearn.svm import SVC
from sklearn.model_selection import train_test_split,GridSearchCV
from sklearn.preprocessing import Normalizer,StandardScaler,MinMaxScaler
from sklearn import metrics

from pylab import mpl
# windows系统乱码解决方案
# mpl.rcParams['font.sans-serif']=['SimHei'] #指定默认字体 # 设置matplotlib可以显示汉语
# mpl.rcParams['axes.unicode_minus']=False #解决保存图像是负号'-'显示方块的问题

# MacOS乱码解决方案
plt.rcParams['font.family'] = ['Arial Unicode MS'] #用来正常显示中文标签
plt.rcParams['axes.unicode_minus'] = False #用来正常显示负号
sns.set_style('whitegrid',{'font.sans-serif':['Arial Unicode MS','Arial']})
```

```
df = pd.read_csv(r'/Users/fangyong/work/data/单用户转合约.csv')
print(df.shape)
df.head(5)
```

(10000, 13)

	用户标识	业务类型	主叫时长（分）	被叫时长（分）	免费流量	计费流量	月均上网时长（分）	入网时长（天）	最近一次缴费金额（元）	总缴费金额（元）	缴费次数	余额	是否潜在合约用户
0	66069	3G	70.0	97.0	395.0	13.0	64.0	168.0	59.0	465.0	7.0	36.0	0
1	64410	3G	94.0	79.0	366.0	35.0	59.0	182.0	70.0	542.0	13.0	66.0	0
2	60110	3G	92.0	99.0	390.0	44.0	134.0	219.0	8.0	548.0	8.0	110.0	1
3	69600	4G	131.0	87.0	391.0	0.0	128.0	180.0	63.0	498.0	4.0	30.0	1
4	64683	4G	74.0	104.0	397.0	35.0	112.0	258.0	68.0	614.0	15.0	18.0	1

图 12-39　单用户转合约——获取训练和测试数据

2. 探索数据

探索数据如图 12-40 所示。

```
# 样本是均衡的
df['是否潜在合约用户'].value_counts().to_dict()

{1: 5003, 0: 4997}
```

```
# 数据没有缺的，'业务类型' 字段有英文文符
df.info()

<class 'pandas.core.frame.DataFrame'>
RangeIndex: 10000 entries, 0 to 9999
Data columns (total 13 columns):
 #   Column          Non-Null Count  Dtype
---  ------          --------------  -----
 0   用户标识          10000 non-null  int64
 1   业务类型          10000 non-null  object
 2   主叫时长 (分)       10000 non-null  float64
 3   被叫时长 (分)       10000 non-null  float64
 4   免费流量          10000 non-null  float64
 5   计费流量          10000 non-null  float64
 6   月均上网时长 (分)     10000 non-null  float64
 7   入网时长 (天)       10000 non-null  float64
 8   最近一次缴费金额 (元)   10000 non-null  float64
 9   总缴费金额(元)       10000 non-null  float64
 10  缴费次数          10000 non-null  float64
 11  余额            10000 non-null  float64
 12  是否潜在合约用户      10000 non-null  int64
dtypes: float64(10), int64(2), object(1)
memory usage: 1015.8+ KB
```

图 12-40　单用户转合约——探索数据

3. 清洗与预处理数据

清洗与预处理数据的相关内容如图 12-41 ～图 12-43 所示。

```
# 业务类型2G 3G 4G, 转化为one-hot编码
g = pd.get_dummies(df['业务类型'],prefix='业务类型')
df = df.join(g)
# df['业务类型']=df['业务类型'].map({'2G':0,'3G':1,'4G':2})
df.head(5)
```

	用户标识	业务类型	主叫时长(分)	被叫时长(分)	免费流量	计费流量	月均上网时长(分)	入网时长(天)	最近一次缴费金额(元)	总缴费金额(元)	缴费次数	余额	是否潜在合约用户	业务类型_2G	业务类型_3G	业务类型_4G
0	66069	3G	70.0	97.0	395.0	13.0	64.0	168.0	59.0	465.0	7.0	36.0	0	0	1	0
1	64410	3G	94.0	79.0	366.0	35.0	59.0	182.0	70.0	542.0	13.0	66.0	0	0	1	0
2	60110	3G	92.0	99.0	390.0	44.0	134.0	219.0	8.0	548.0	8.0	110.0	1	0	1	0
3	69600	4G	131.0	87.0	391.0	0.0	128.0	180.0	63.0	498.0	4.0	30.0	1	0	0	1
4	64683	4G	74.0	104.0	397.0	35.0	112.0	258.0	68.0	614.0	15.0	18.0	1	0	0	1

```
# 表头
cols = df.columns.values.tolist()
```

```
# 删除不用的列
df.drop('用户标识',axis=1,inplace=True)
df.drop('业务类型',axis=1,inplace=True)

cols.remove('用户标识')
cols.remove('业务类型')

print(df.shape)

# 新特征sum_1  '月均上网时长(分)'  '*' '余额'
sum_1 = df.groupby(['免费流量'])['月均上网时长 (分)'].sum()
sum_1 = dict(sum_1)
cols.append('sum_1')
for key in sum_1.keys():
    df.loc[df['免费流量'].astype(int)==key,'sum_1'] = sum_1[key]*df['月均上网时长 (分)']*df['余额']
df.head(2)
```

```
(10000, 14)
```

	主叫时长(分)	被叫时长(分)	免费流量	计费流量	月均上网时长(分)	入网时长(天)	最近一次缴费金额(元)	总缴费金额(元)	缴费次数	余额	是否潜在合约用户	业务类型_2G	业务类型_3G	业务类型_4G	sum_1
0	70.0	97.0	395.0	13.0	64.0	168.0	59.0	465.0	7.0	36.0	0	0	1	0	47589120.0
1	94.0	79.0	366.0	35.0	59.0	182.0	70.0	542.0	13.0	66.0	0	0	1	0	19594608.0

图 12-41　单用户转合约——清洗与预处理数据

```
# 特征相关性分析
np_normal = StandardScaler().fit_transform(df)
df_normal = pd.DataFrame(np_normal,columns=df.columns)
f, ax = plt.subplots(figsize=(12, 12))
ax = sns.heatmap(df_normal.corr(), cmap='Blues', annot=True)
plt.show()
```

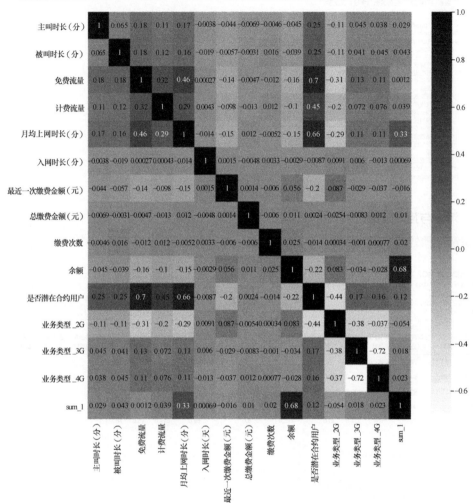

图 12-42　单用户转合约——特征相关性分析

```
# 数据拆分为x y
x = df.loc[:,[col for col in cols if col!='是否潜在合约用户']]
y = df.loc[:,'是否潜在合约用户']
print(x.shape)
print(y.shape)
```

```
(10000, 14)
(10000,)
```

```
# 标准化数据
x_std = StandardScaler().fit_transform(x)
x_train,x_test,y_train,y_test = train_test_split(x,y,test_size=0.3,random_state=0)
x_train_std,x_test_std,y_train,y_test = train_test_split(x_std,y,test_size=0.3,random_state=0)
x_train_std
```

```
array([[-0.25324274,  0.86296949, -0.64048849, ..., -0.85061366,
        -0.84608185,  0.64335024],
       [ 0.20412179,  0.05545599, -1.13329649, ..., -0.85061366,
         1.18191875, -0.55039086],
       [-0.50733415, -0.34830076, -0.78129077, ...,  1.17562184,
        -0.84608185,  0.27572775],
       ...,
       [-1.62533635,  0.66109111, -0.64048849, ..., -0.85061366,
         1.18191875,  1.55114472],
       [ 0.40739492,  0.91343908, -0.64048849, ..., -0.85061366,
        -0.84608185, -0.42836776],
       [ 0.10248523,  1.6200134 ,  0.48592982, ...,  1.17562184,
        -0.84608185, -1.02259351]])
```

图 12-43　单用户转合约——数据拆分为训练集与测试集并标准化数据

4. 建模、预测、选择最优的算法

模型调优和预测如图 12-44 和图 12-45 所示。

```
# 模型调优
clf = SVC(kernel='rbf',cache_size=1000,random_state=117)
param_grid = {'C':np.logspace(-5,5,5),'gamma':np.logspace(-9,2,10)}
grid = GridSearchCV(clf,param_grid=param_grid,scoring='accuracy',n_jobs=-1,cv=5)
grid.fit(x_train_std,y_train)
```

图 12-44　单用户转合约——模型调优

```
# 得到最优参数
print(grid.best_score_)
print(grid.best_params_)
print(grid.best_estimator_)

0.991
{'C': 100000.0, 'gamma': 0.0012915496650148853}
SVC(C=100000.0, break_ties=False, cache_size=1000, class_weight=None, coef0=0.0,
    decision_function_shape='ovr', degree=3, gamma=0.0012915496650148853,
    kernel='rbf', max_iter=-1, probability=False, random_state=117,
    shrinking=True, tol=0.001, verbose=False)
```

```
# svc = SVC()
svc = SVC(C=100000.0, break_ties=False, cache_size=1000, class_weight=None, coef0=0.0,
    decision_function_shape='ovr', degree=3, gamma=0.0012915496650148853,
    kernel='rbf', max_iter=-1, probability=False, random_state=117,
    shrinking=True, tol=0.001, verbose=False)
svc.fit(x_train_std,y_train)
# 预测结果
y_pred = svc.predict(x_test_std)
```

图 12-45　单用户转合约——预测

5. 模型评估

模型评估如图 12-46 所示。

```
# 模型评估——准确率
score = metrics.accuracy_score(y_test,y_pred)
print('The accuracy score of the model is: {0}'.format(score))
# 模型评估——混淆矩阵
metrics.confusion_matrix(y_test, y_pred)

The accuracy score of the model is: 0.9933333333333333

array([[1521,    3],
       [  17, 1459]])
```

图 12-46　单用户转合约——模型评估

12.3　电信低速率小区预测

12.3.1　案例描述

造成 LTE 网络小区下载速率较低的原因主要是在无线侧，还有一些原因是传输问题或是核心网问题，可以通过参数调整优化及一些特殊新功能的开启来进行下载速率的提升。但是，如果能提前预知低速率的小区，网络优化人员就可以更好地主动解决网络问题，从而提升用户满意度。

该案例流程，分 6 个步骤。

（1）案例描述。

（2）获取训练和测试数据。

（3）探索数据。

（4）清洗与预处理数据。

（5）建模、预测。

（6）模型评估。

12.3.2 代码实现

1. 获取训练和测试数据

获取训练和测试数据如图 12-47 所示。

```python
import numpy as np
import pandas as pd
from sklearn.model_selection import train_test_split,cross_val_score
from sklearn.linear_model import LogisticRegression
from itertools import combinations
from sklearn import metrics
```

```python
df = pd.read_csv(r'/Users/fangyong/work/data/lowspeed.csv',sep=',',encoding='utf-8')
```

图 12-47　低速率小区——获取训练和测试数据

2. 探索数据

探索数据如图 12-48 所示。

```python
# 字段描述
# cgi ←——小区标识
# LOWSPEED ←——是否低速率小区
# SUC_CALL_RATE ←——无线接通率
# PRB_UTILIZE_RATE ←——无线利用率
# SUC_CALL_RATE_QCI1 ←——volte 无线接通率
# mr ←——MR 覆盖率
# cover_type ←——覆盖类型
# erabnbrmaxestabl1 ←——QCI1 最大 E-RAB 数
# upspeed ←——网络上行速率
```

```python
# 数据没有缺失，'cgi'字段有英文字符
df.info()
```

```
<class 'pandas.core.frame.DataFrame'>
RangeIndex: 55679 entries, 0 to 55678
Data columns (total 9 columns):
 #   Column              Non-Null Count  Dtype
---  ------              --------------  -----
 0   cgi                 55679 non-null  object
 1   LOWSPEED            55679 non-null  int64
 2   SUC_CALL_RATE       55679 non-null  float64
 3   PRB_UTILIZE_RATE    55679 non-null  float64
 4   SUC_CALL_RATE_QCI1  55679 non-null  float64
 5   mr                  55679 non-null  float64
 6   cover_type          55679 non-null  int64
 7   erabnbrmaxestab1    55679 non-null  int64
 8   upspeed             55679 non-null  float64
dtypes: float64(5), int64(3), object(1)
memory usage: 3.8+ MB
```

```python
#样本数据明显不均衡，正样本 52905，负样本 2774，需要做样本均衡处理。
df['LOWSPEED'].value_counts().to_dict()
```

```
{0: 52905, 1: 2774}
```

图 12-48　低速率小区——探索数据

3. 清洗与预处理数据

清洗与预处理数据如图 12-49 所示。

```
# # 去掉字符串类型的列
df.drop('cgi',axis=1,inplace=True)
df.head(2)
```

	LOWSPEED	SUC_CALL_RATE	PRB_UTILIZE_RATE	SUC_CALL_RATE_QCI1	mr	cover_type	erabnbrmaxestab1	upspeed
0	1	1.0	0.049263	1.0	0.985866	1	1	276.260598
1	1	1.0	0.178844	1.0	0.982057	0	3	240.174484

```
'''随机选择2774条正样本数据与2774条负样本数据,合并为一个新的二维数组。'''
# 索引 -- 异常
fraud_indices = np.array(df[df['LOWSPEED']==1].index)

# 索引 -- 正常
normal_indices = np.array(df[df['LOWSPEED']==0].index)

# 索引 -- 正常 -- 随机取 len (fraud_indices)
randome_normal_indices = np.random.choice(normal_indices,len(fraud_indices),replace=False)

# 索引合并
indices = np.concatenate([[fraud_indices,randome_normal_indices]])

# 更具索引取数据
df = df.loc[indices]

df['LOWSPEED'].value_counts().to_dict()
```

```
{1: 2774, 0: 2774}
```

```
# 数据拆分为 x, y 即 feature 与 label
cols = df.columns.values.tolist()
df1 = df.copy()
x = df1.loc[:,[col for col in cols if col!='LOWSPEED']]
print(x.shape)
y = df.loc[:,['LOWSPEED']]
print(y.shape)
```

```
(5548, 7)
(5548, 1)
```

```
# 数据拆分为训练与测试,比例为 0.7:0.3
x_train,x_test,y_train,y_test = train_test_split(x,y,test_size=0.3,random_state=0)
```

```
# 数据标准化
from sklearn.preprocessing import StandardScaler
x_train_std = StandardScaler().fit_transform(x_train)
x_test_std = StandardScaler().fit_transform(x_test)
```

图 12-49 低速率小区——清洗与预处理数据

4. 建模、预测

建模与预测如图 12-50 所示。

```
from sklearn.ensemble import RandomForestClassifier
m = RandomForestClassifier(bootstrap=True,oob_score=True,criterion='gini')
m.fit(x_train_std,y_train)
y_pre = m.predict(x_test_std)
```

图 12-50 低速率小区——建模与预测

5. 模型评估

模型评估如图 12-51 所示。

```
#综合报告
print(metrics.classification_report(y_test,y_pre))

              precision    recall  f1-score   support

           0       0.91      0.88      0.90       835
           1       0.88      0.91      0.90       830

    accuracy                           0.90      1665
   macro avg       0.90      0.90      0.90      1665
weighted avg       0.90      0.90      0.90      1665
```

```
#混合矩阵
metrics.confusion_matrix(y_test,y_pre)
```

```
array([[735, 100],
       [ 72, 758]])
```

```
#准确率分数
metrics.accuracy_score(y_test,y_pre)
```

```
0.8966966966966967
```

图 12-51 低速率小区——模型评估

12.4 预测客户是否会认购定期存款

12.4.1 案例描述

银行机构通过电话营销向客户推荐定期存款。但这样的营销活动客户转化率特别低，很多客户不需要认购定期存款，且反感这样骚扰型的营销活动。因此，需要一个模型对客户进行分类，能精准告知营销人员，哪些人群是有这样需求的潜在客户。分类的目的是预测客户是否将认购定期存款（变量 y）。

该数据集包含 4 张表的信息，表字段描述如下。

1. 银行客户资料

age：年龄（数字）。

job：职位类型。类别：管理员、蓝领、企业家、女佣、管理、退休、自雇、服务、学生、技术人员、待业、未知。

marital：婚姻状况。类别：离婚、已婚、单身、未知。（注：离婚是指离婚或丧偶）。

education：受教育程度。类别：基本 4y、基本 6y、基本 9y、高中、文盲、专业课程、大学学位、未知。

default：信用违约情况。类别：否、是、未知。

housing：住房贷款情况。类别：否、是、未知。

loan：个人贷款情况。类别：否、是、未知。

2. 当前广告活动期间，保持最后联系的联系人相关信息

contact：联系人通信工具类型。类别：手机、座机。

month：一年中的最后一个接触月。类别：jan、feb、mar、…、nov、dec。

Day_of_week：一周中的最后联系日期。类别：mon、tue、wed、thu、fri。

duration：最后一次接触的持续时间，以秒为单位（数字）。此属性对输出目标有很大影响（例如，如果 duration = 0，则 y =no）。然而，在执行呼叫之前，持续时间是未知的。同样，在通话结束后，y 显然是已知的。因此，该输入应出于基准目的而被包括在内，如果要使用一个现实的预测模型，则应将其丢弃。

3. 其他属性

campaign：广告活动。在此广告活动期间与此客户的联系次数（数字，包括最后一次联系）。

Pdays：上一次广告系列中与此客户最后一次联系之后经过的天数（数字，999 表示以前未与此客户联系）。

previous：此广告系列之前与此客户的联系次数（数字）。

poutcome：先前营销活动的结果（分类：失败、不存在、成功）。

4. 社会和经济背景属性

Emp.var.rate：就业变动率——季度指标（数字）。

Cons.price.idx：消费者物价指数——每月指标（数字）。

Cons.conf.idx：消费者信心指数——每月指标（数字）。

Euribor3m：3 个月的 euribor 费用——每日指标（数字）。

nr.employed：雇用人数——季度指标（数字）。

该案例流程，分 5 个步骤。

（1）案例描述。

（2）获取训练和测试数据。

（3）探索数据。

（4）清洗与预处理数据。

（5）建模、预测。

12.4.2　代码实现

1. 获取训练和测试数据

获取训练和测试数据如图 12-52 所示。

```
pip install imbalanced-learn
```

```python
import numpy as np
import pandas as pd
import seaborn as sns
import matplotlib.pyplot as plt
import sklearn.linear_model as lm
from sklearn.linear_model import LogisticRegression
from sklearn.tree import DecisionTreeClassifier
from sklearn.ensemble import RandomForestClassifier
from sklearn.model_selection import train_test_split, KFold
from sklearn.preprocessing import StandardScaler, label_binarize
from sklearn.metrics import accuracy_score,confusion_matrix,roc_curve, auc, f1_score, precision_score, recall_score
from sklearn.svm import SVC
from imblearn.over_sampling import SMOTE, ADASYN
from imblearn.under_sampling import RandomUnderSampler
from imblearn.over_sampling import RandomOverSampler
# window系统乱码解决方案
# mpl.rcParams ['font.sans-serif']=['SimHei']        #指定默认字体 # 设置 matplotlib 可以显示汉语
# mpl.rcParams ['axes.unicode_minus']=False # 解决保存图像是负号 '-' 显示方块的问题

# Mac 系统乱码解决方案
plt.rcParams['font.family'] = ['Arial Unicode MS'] #用来正常显示中文标签
plt.rcParams['axes.unicode_minus'] = False #用来正常显示负号
sns.set_style('whitegrid',{'font.sans-serif':['Arial Unicode MS','Arial']})
```

```python
df = pd.read_csv("/Users/fangyong/work/data/bank-additional-full.csv",sep=';')
header = {'y':'label','age':'年龄','job':'职位','marital':'婚姻状况','education':'教育程度','default':'是否有信用违约',
          'housing':'是否有住房贷款','loan':'是否有个人贷款','contact':'联系人方式','month':'月','day_of_week':'星期',
          'duration':'通话时长','campaign':'广告活动期间和客户联系的次数','pdays':'距离上一次广告活动之后经过的天数',
          'previous':'联系过几次','poutcome':'先前营销活动是否成功',
          'emp.var.rate':'就业变动率','cons.price.idx':'物价指数','cons.conf.idx':'信心指数',
          'euribor3m':'3个月的欧洲费用','nr.employed':'雇用人数'}
df.rename(columns=header,inplace=True)
df.tail()
```

	年龄	职位	婚姻状况	教育程度	是否有信用违约	是否有住房贷款	是否有个人贷款	联系人方式	月	星期	广告活动期间和客户联系的次数	距离上一次广告活动之后经过的天数	联系过几次	先前营销活动是否成功	就业变动率	物价指数	信心指数	3个月的欧洲费用	雇用人数	label
41183	73	retired	married	professional.course	no	yes	no	cellular	nov	fri	...	1	999	0	nonexistent	-1.1	94.767	-50.8	1.028	4963.6	yes
41184	46	blue-collar	married	professional.course	no	no	no	cellular	nov	fri	...	1	999	0	nonexistent	-1.1	94.767	-50.8	1.028	4963.6	no
41185	56	retired	married	university.degree	no	yes	no	cellular	nov	fri	...	2	999	0	nonexistent	-1.1	94.767	-50.8	1.028	4963.6	no
41186	44	technician	married	professional.course	no	no	no	cellular	nov	fri	...	1	999	0	nonexistent	-1.1	94.767	-50.8	1.028	4963.6	yes
41187	74	retired	married	professional.course	no	yes	no	cellular	nov	fri	...	3	999	1	failure	-1.1	94.767	-50.8	1.028	4963.6	no

图 12-52　认购定期存款——获取训练和测试数据

2. 探索数据

探索数据如图 12-53 所示。

```
# 数据没有缺的的, 总共 21 例, 有 11 列字段有英文字符, 需要进行数据清洗与预处理
df.info()
```

```
0   年龄                       41188 non-null  int64
1   职位                       41188 non-null  object
2   婚姻状况                     41188 non-null  object
3   教育程度                     41188 non-null  object
4   是否有信用违约                  41188 non-null  object
5   是否有住房贷款                  41188 non-null  object
6   是否有个人贷款                  41188 non-null  object
7   联系人方式                    41188 non-null  object
8   月                        41188 non-null  object
9   星期                       41188 non-null  object
10  通话时长                     41188 non-null  int64
11  广告活动期间和客户联系的次数          41188 non-null  int64
12  距离上一次广告活动之后经过的天数        41188 non-null  int64
13  联系讨几次                    41188 non-null  int64
14  先前营销活动是否成功              41188 non-null  object
15  就业变动率                    41188 non-null  float64
16  物价指数                     41188 non-null  float64
17  信心指数                     41188 non-null  float64
18  3个月的欧洲费用                 41188 non-null  float64
```

```
# 正负样本不均衡
df['label'].value_counts()
```

```
no     36548
yes     4640
Name: label, dtype: int64
```

图 12-53　认购定期存款——探索数据

3. 探索数据——图形分析（特征与 label 的相关性）

（1）从星期、月、职位、教育程度 4 个维度，分析与 label 的相关性，代码及其结果如图 12-54 和图 12-55 所示。

```
# 正负样本
data1 = df[df['label'] == 'yes']
data2 = df[df['label'] == 'no']
```

```
# 认购定期存款, 是否与今天是周一、周二、周三、周四、周五的心情有关。
# 认购定期存款, 是否与月份有关。
# 认购定期存款, 是否与职业 ("管理员", "蓝领", "企业家", "女佣", "管理", "退休", "自雇", "服务", "学生", "技术人员", "待业", "未知") 有关。
# 认购定期存款, 是否与教育程度 ("基本 4y", "基本 6y", "基本 9y", "高中", "文盲", "专业课程", "大学学位", "未知") 有关。
fig, ax = plt.subplots(2, 2, figsize=(12,10))

b1 = ax[0, 0].bar(data1['星期'].unique(),height = data1['星期'].value_counts(),color='#000000')
b2 = ax[0, 0].bar(data2['星期'].unique(),height = data2['星期'].value_counts(),bottom = data1['星期'].value_counts(),color='#DC4405')
ax[0, 0].title.set_text('周1-周5分布统计')

# ax [0, 0].legend((b1 [0], b2 [0]), ('Yes','No'))
ax[0, 1].bar(data1['月'].unique(),height = data1['月'].value_counts(),color='#000000')
ax[0, 1].bar(data2['月'].unique(),height = data2['月'].value_counts(),bottom = data1['月'].value_counts(),color = '#DC4405')
ax[0, 1].title.set_text('月分布统计')

ax[1, 0].bar(data1['职位'].unique(),height = data1['职位'].value_counts(),color='#000000')
ax[1, 0].bar(data2['职位'].unique(),height = data2['职位'].value_counts()[data1['职位'].value_counts().index],bottom = data1['职位'].value_counts(),color = '#DC4405')
ax[1, 0].title.set_text('职业分布统计')

ax[1, 0].tick_params(axis='x',rotation=90)
ax[1, 1].bar(data1['教育程度'].unique(),height = data1['教育程度'].value_counts(),color='#000000') #row=0, col=1
ax[1, 1].bar(data1['教育程度'].unique(),height = data2['教育程度'].value_counts()[data1['教育程度'].value_counts().index],
bottom = data1['教育程度'].value_counts(),color = '#DC4405')
ax[1, 1].title.set_text('教育程度分布统计')

ax[1, 1].tick_params(axis='x',rotation=90)
# ax [0, 1].xticks(rotation=90)
plt.figlegend((b1[0], b2[0]), ('Yes', 'No'),loc="right",title = "认购定期存款")
plt.show()
```

图 12-54　认购定期存款——星期、月、职位、教育程度特征与 label 的相关性代码

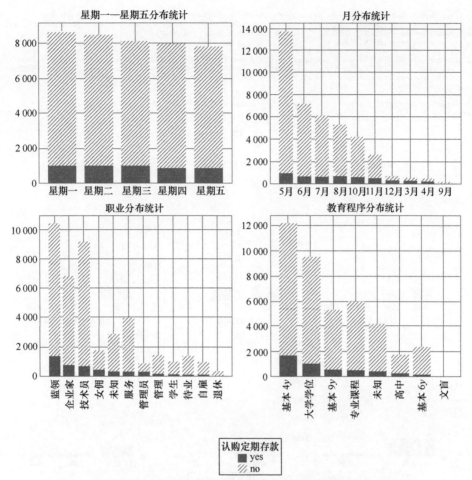

图12-55　认购定期存款——星期、月、职位、教育程度特征与 label 的相关性

（2）从婚姻、住房贷款、个人贷款、联系人方式、信用违约、营销活动6个维度，分析与 label 的相关性，代码及其结果如图 12-56 和图 12-57 所示。

```
# 认购定期存款，是否与婚姻状况有关。
# 认购定期存款，是否与有住房贷款有关。
# 认购定期存款，是否与有个人贷款有关。
# 认购定期存款，是否与联系人方式不同有关。
# 认购定期存款，是否与有信用违约有关。
# 认购定期存款，是否与先前营销活动成功或失败有关。
fig, ax = plt.subplots(2, 3, figsize=(15,10))

b1 = ax[0, 0].bar(data1['婚姻状况'].unique(),height = data1['婚姻状况'].value_counts(),color='#000000')
b2 = ax[0, 0].bar(data1['婚姻状况'].unique(),height = data2['婚姻状况'].value_counts()[data1['婚姻状况'].value_counts().in
dex],bottom = data1['婚姻状况'].value_counts(),color = '#DC4405')
ax[0, 0].title.set_text('婚姻状况')

#ax[0, 0].legend((b1[0], b2[0]), ('Yes', 'No'))
ax[0, 1].bar(data1['是否有住房贷款'].unique(),height = data1['是否有住房贷款'].value_counts(),color='#000000')
ax[0, 1].bar(data1['是否有住房贷款'].unique(),height = data2['是否有住房贷款'].value_counts()[data1['是否有住房贷款'].value_c
ounts().index],bottom = data1['是否有住房贷款'].value_counts(),color = '#DC4405')
ax[0, 1].title.set_text('是否有住房贷款')

ax[0, 2].bar(data1['是否有个人贷款'].unique(),height = data1['是否有个人贷款'].value_counts(),color='#000000')
ax[0, 2].bar(data1['是否有个人贷款'].unique(),height = data2['是否有个人贷款'].value_counts()[data1['是否有个人贷款'].value_c
ounts().index],bottom = data1['是否有个人贷款'].value_counts(),color = '#DC4405')
ax[0, 2].title.set_text('是否有个人贷款')

ax[1, 0].bar(data1['联系人方式'].unique(),height = data1['联系人方式'].value_counts(),color='#000000')
ax[1, 0].bar(data1['联系人方式'].unique(),height = data2['联系人方式'].value_counts()[data1['联系人方式'].value_counts().in
dex],bottom = data1['联系人方式'].value_counts(),color = '#DC4405')
ax[1, 0].title.set_text('联系人方式')
```

图12-56　认购定期存款——婚姻、住房贷款、个人贷款、联系人方式、信用违约、营销活动特征与 label 的相关性代码

```
ax[1, 1].bar(data1['是否有信用违约'].unique(),height = data1['是否有信用违约'].value_counts(),color='#000000')
ax[1, 1].bar(data1['是否有信用违约'].unique(),height = data2['是否有信用违约'].value_counts()[data1['是否有信用违约'].value_c
ounts().index],bottom = data1['是否有信用违约'].value_counts(),color = '#DC4405')
ax[1, 1].title.set_text('是否有信用违约')

ax[1, 2].bar(data1['先前营销活动是否成功'].unique(),height = data1['先前营销活动是否成功'].value_counts(),color='#000000')
ax[1, 2].bar(data1['先前营销活动是否成功'].unique(),height = data2['先前营销活动是否成功'].value_counts()[data1['先前营销活动是
否成功'].value_counts().index],bottom = data1['先前营销活动是否成功'].value_counts(),color = '#DC4405')
ax[1, 2].title.set_text('先前营销活动是否成功')

plt.figlegend((b1[0], b2[0]), ('Yes', 'No'),loc="right",title = "认购定期存款")
plt.show()
```

续

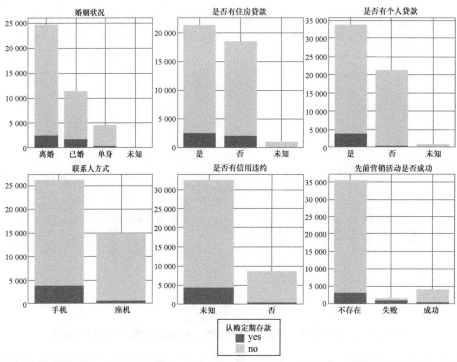

图 12-57 认购定期存款——婚姻、住房贷款、个人贷款、联系人方式、信用违约、营销活动特征与 label 的相关性

（3）从年龄、通话时长和联系次数、经过的天数 4 个维度，分析与 label 的相关性，代码及其结果如图 12-58 和图 12-59 所示。

```
#认购定期存款，是否与年龄有关。
#认购定期存款，是否与通话时长有关。
#认购定期存款，是否与广告活动期间和客户联系的次数有关。
#认购定期存款，是否与距离上一次广告活动之后的天数长短有关。
fig, ax = plt.subplots(2, 2, figsize=(12,10))

ax[0, 0].hist(data2['年龄'],color = '#DC4405',alpha=0.7,bins=20, edgecolor='white')
ax[0, 0].hist(data1['年龄'],color='#000000',alpha=0.5,bins=20, edgecolor='white')
ax[0, 0].title.set_text('年龄')

ax[0, 1].hist(data2['通话时长'],color = '#DC4405',alpha=0.7, edgecolor='white')
ax[0, 1].hist(data1['通话时长'],color='#000000',alpha=0.5, edgecolor='white')
ax[0, 1].title.set_text('通话时长')

ax[1, 0].hist(data2['广告活动期间和客户联系的次数'],color = '#DC4405',alpha=0.7, edgecolor='white')
ax[1, 0].hist(data1['广告活动期间和客户联系的次数'],color='#000000',alpha=0.5, edgecolor='white')
ax[1, 0].title.set_text('广告活动期间和客户联系的次数')

ax[1, 1].hist(data2[data2['距离上一次广告活动之后经过的天数'] != 999]['距离上一次广告活动之后经过的天数'],color = '#DC4405',alpha
=0.7, edgecolor='white')
ax[1, 1].hist(data1[data1['距离上一次广告活动之后经过的天数'] != 999]['距离上一次广告活动之后经过的天数'],color='#000000',alpha=0
.5, edgecolor='white')
ax[1, 1].title.set_text('距离上一次广告活动之后经过的天数')

plt.figlegend((b1[0], b2[0]), ('Yes', 'No'),loc="right",title = "认购定期存款")
plt.show()
```

图 12-58 认购定期存款——年龄、通话时长、联系次数、经过的天数特征与 label 的相关性代码

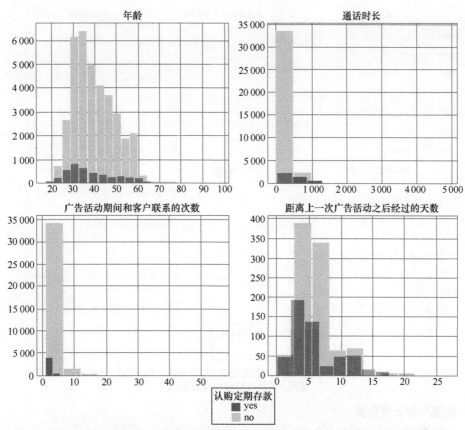

图 12-59 认购定期存款——年龄、通话时长、联系次数、经过的天数特征与 label 的相关性

（4）从联系次数、就业变动率、物价指数、信心指数、3 个月的欧洲费用、雇用人数 6 个维度，分析与 label 的相关性，代码及其结果如图 12-60 和图 12-61 所示。

```
# 认购定期存款，是否与联系客户次数有关。
# 认购定期存款，是否与就业率（季度指标）有关。
# 认购定期存款，是否与消费者物价指数（每月指标）有关。
# 认购定期存款，是否与消费者信心指数（每月指标）有关。
# 认购定期存款，是否与3个月的euribor费用（每日指标）有关。
# 认购定期存款，是否与雇员人数（季度指标）有关。
fig, ax = plt.subplots(2, 3, figsize=(15,10))
ax[0, 0].hist(data2['联系过几次'],color = '#DC4405',alpha=0.7, edgecolor='white')
ax[0, 0].hist(data1['联系过几次'],color='#000000',alpha=0.5, edgecolor='white')
ax[0, 0].title.set_text('联系过几次')

ax[0, 1].hist(data2['就业变动率'],color = '#DC4405',alpha=0.7, edgecolor='white')
ax[0, 1].hist(data1['就业变动率'],color='#000000',alpha=0.5, edgecolor='white')
ax[0, 1].title.set_text('就业变动率-季度指标')

ax[0, 2].hist(data2['物价指数'],color = '#DC4405',alpha=0.7, edgecolor='white')
ax[0, 2].hist(data1['物价指数'],color='#000000',alpha=0.5, edgecolor='white')
ax[0, 2].title.set_text('消费者物价指数-每月指标')

ax[1, 0].hist(data2['信心指数'],color = '#DC4405',alpha=0.7, edgecolor='white')
ax[1, 0].hist(data1['信心指数'],color='#000000',alpha=0.5, edgecolor='white')
ax[1, 0].title.set_text('消费者信心指数-每月指标')

ax[1, 1].hist(data2['3个月的欧洲费用'],color = '#DC4405',alpha=0.7, edgecolor='white')
ax[1, 1].hist(data1['3个月的欧洲费用'],color='#000000',alpha=0.5, edgecolor='white')
ax[1, 1].title.set_text('3个月的euribor费用-每日指标')

ax[1, 2].hist(data2['雇用人数'],color = '#DC4405',alpha=0.7, edgecolor='white')
ax[1, 2].hist(data1['雇用人数'],color='#000000',alpha=0.5, edgecolor='white')
ax[1, 2].title.set_text('雇员人数-季度指标')

plt.figlegend((b1[0], b2[0]), ('Yes', 'No'),loc="right",title = "认购定期存款")
plt.show()
```

图 12-60 认购定期存款——联系次数、就业变动率、物价指数、信心指数、3 个月的欧洲费用、雇用人数特征与 label 的相关性代码

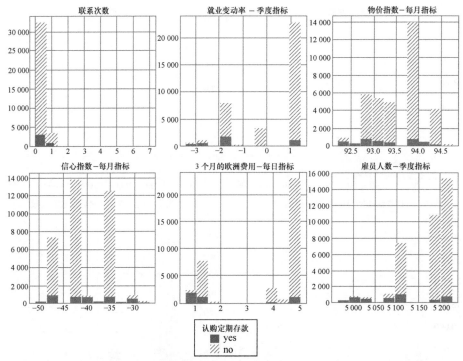

图 12-61　认购定期存款——联系次数、就业变动率、物价指数、信心指数、3 个月的欧洲费用、
雇用人数特征与 label 的相关性

4. 清洗与预处理数据

清洗与预处理数据如图 12-62 所示。

```
predictors = df.iloc[:,0:20]
predictors = predictors.drop(['距离上一次广告活动之后经过的天数'],axis=1)
y = df.iloc[:,20]
X = pd.get_dummies(predictors)
```

```
# 不平衡数据集解决方案—随机欠采样(下采样), 从多数类样本中随机选择少量样本, 再合并原有少数类样本作为新的训练数据集。
rus = RandomUnderSampler(random_state=0)
X_Usampled, y_Usampled = rus.fit_resample(X, y)
pd.Series(y_Usampled).value_counts()
```

```
no     4640
yes    4640
Name: label, dtype: int64
```

```
# 不平衡数据集解决方案—随机过采样(上采样), 从少数类的样本中进行随机采样来增加新的样本。
ros = RandomOverSampler(random_state=0)
X_Osampled, y_Osampled = ros.fit_resample(X, y)
pd.Series(y_Osampled).value_counts()
```

```
yes    36548
no     36548
Name: label, dtype: int64
```

SMOTE (Synthetic Minority Oversampling Technique), 合成少数类过采样技术. 它是基于随机过采样算法的一种改进方案, 由于随机过采样采取简单复制样本
的策略来增加少数类样本, 这样容易产生模型过拟合的问题, 即使得模型学习到的信息过于特别(Specific)而不够泛化(General), SMOTE算法的基本思想是对少数
类样本进行分析并根据少数类样本人工合成新样本添加到数据集中.

```
# 不平衡数据集解决方案--SMOTE
sm = SMOTE(random_state=0)
X_SMOTE, y_SMOTE = sm.fit_resample(X, y)
pd.Series(y_SMOTE).value_counts()
```

```
yes    36548
no     36548
Name: label, dtype: int64
```

图 12-62　认购定期存款——清洗与预处理数据

5. 建模、预测

使用 Perceptron() 方法，验证不平衡数据集解决方案。很明显 SMOTE 方案最佳，如图 12-63 所示。

```
X_train, X_test, y_train, y_test = train_test_split(X_Usampled, y_Usampled, test_size=0.3)
sc = StandardScaler()
sc.fit(X_train)
X_train_std = sc.transform(X_train)
X_test_std = sc.transform(X_test)
perp_model = lm.Perceptron().fit(X_train_std,y_train)
y_pred = perp_model.predict(X_test_std)
print("Accuracy: ",round(accuracy_score(y_test, y_pred),2))
```
```
Accuracy:  0.79
```

```
X_train, X_test, y_train, y_test = train_test_split(X_Osampled, y_Osampled, test_size=0.3)
sc = StandardScaler()
sc.fit(X_train)
X_train_std = sc.transform(X_train)
X_test_std = sc.transform(X_test)
perp_model = lm.Perceptron().fit(X_train_std,y_train)
y_pred = perp_model.predict(X_test_std)
print("Accuracy: ",round(accuracy_score(y_test, y_pred),2))
```
```
Accuracy:  0.82
```

```
X_train, X_test, y_train, y_test = train_test_split(X_SMOTE, y_SMOTE, test_size=0.3)
sc = StandardScaler()
sc.fit(X_train)
X_train_std = sc.transform(X_train)
X_test_std = sc.transform(X_test)
perp_model = lm.Perceptron().fit(X_train_std,y_train)
y_pred = perp_model.predict(X_test_std)
print("Accuracy: ",round(accuracy_score(y_test, y_pred),2))
```
```
Accuracy:  0.93
```

```
mat = confusion_matrix(y_test,y_pred,labels=['no','yes'])
print(mat)
y_test = label_binarize(y_test,classes=['no','yes'])
y_pred = label_binarize(y_pred,classes=['no','yes'])
print("Precision: ",round(precision_score(y_test,y_pred),2),"Recall: ",round(recall_score(y_test,y_pred),2))
```
```
[[10284   745]
 [  817 10083]]
Precision:  0.93 Recall:  0.93
```

图 12-63　认购定期存款——Perceptron() 方法

使用决策树算法模型、随机森林算法模型、逻辑回归算法模型。很明显，逻辑回归算法模型表现最佳，如图 12-64 所示。

```
# 数据拆分为训练集与测试集，比例为0.7:0.3
X_train, X_test, y_train, y_test = train_test_split(X_SMOTE, y_SMOTE, test_size=0.3)
# 数据标准化
sc = StandardScaler()
sc.fit(X_train)
sc.fit(X_test)
X_train_std = sc.transform(X_train)
X_test_std = sc.transform(X_test)
```

```
# 决策树算法模型
tree = DecisionTreeClassifier()
model = tree.fit(X_train_std,y_train)
y_pred = model.predict(X_test_std)
y_test = label_binarize(y_test,classes=['no','yes'])
y_pred = label_binarize(y_pred,classes=['no','yes'])
print("Precision: ",round(precision_score(y_test,y_pred),2),"Recall: ",round(recall_score(y_test,y_pred),2))
```
```
Precision:  0.93 Recall:  0.94
```

图 12-64　认购定期存款——决策树算法、随机森林算法、逻辑回归算法模型

```
# 随机森林算法模型
forest = RandomForestClassifier()
model = forest.fit(X_train_std,y_train)
y_pred = model.predict(X_test_std)
pd.Series(y_pred).value_counts()
y_test = label_binarize(y_test,classes=['no','yes'])
y_pred = label_binarize(y_pred,classes=['no','yes'])
print("Precision: ",round(precision_score(y_test,y_pred),2),"Recall: ",round(recall_score(y_test,y_pred),2))
```

```
Precision:  0.96 Recall:  0.94
```

```
# 逻辑回归算法模型
lr = LogisticRegression(max_iter=10000)
model = lr.fit(X_train_std,y_train)
y_pred = model.predict(X_test_std)
pd.Series(y_pred).value_counts()
y_test = label_binarize(y_test,classes=['no','yes'])
y_pred = label_binarize(y_pred,classes=['no','yes'])
print("Precision: ",round(precision_score(y_test,y_pred),2),"Recall: ",round(recall_score(y_test,y_pred),2))
```

```
Precision:  0.97 Recall:  0.93
```

续

使用 SVM 算法模型和 SMOTE 方案处理数据不平衡之后, 具有高斯内核的 SVM 算法模型在精度和查全率方面表现最佳, 如图 12-65 和图 12-66 所示。

```
# svm算法模型, 线性核函数 kernel='linear'
svm = SVC(kernel='linear')
model = svm.fit(X_train_std, y_train)
y_pred = model.predict(X_test_std)
y_test = label_binarize(y_test,classes=['no','yes'])
y_pred = label_binarize(y_pred,classes=['no','yes'])
print("Linear kernel- ","Precision: ",round(precision_score(y_test,y_pred),2),"Recall: ",round(recall_score(y_test,y_pred),2))
fpr_linear, tpr_linear, _ = roc_curve(y_test, y_pred)
roc_auc_linear = auc(fpr_linear, tpr_linear)
```

```
Linear kernel-  Precision:  0.98 Recall:  0.91
```

```
# svm算法模型, 多项式核函数 kernel='poly'
svm = SVC(kernel='poly')
model = svm.fit(X_train_std, y_train)
y_pred = model.predict(X_test_std)
y_test = label_binarize(y_test,classes=['no','yes'])
y_pred = label_binarize(y_pred,classes=['no','yes'])
print("poly kernel- ","Precision: ",round(precision_score(y_test,y_pred),2),"Recall: ",round(recall_score(y_test,y_pred),2))
fpr_poly, tpr_poly, _ = roc_curve(y_test, y_pred)
roc_auc_poly = auc(fpr_poly, tpr_poly)
```

```
poly kernel-  Precision:  0.96 Recall:  0.92
```

```
# svm算法模型, sigmod核函数 kernel='sigmod'
svm = SVC(kernel='sigmoid')
model = svm.fit(X_train_std, y_train)
y_pred = model.predict(X_test_std)
y_test = label_binarize(y_test,classes=['no','yes'])
y_pred = label_binarize(y_pred,classes=['no','yes'])
print("sigmoid kernel- ","Precision: ",round(precision_score(y_test,y_pred),2),"Recall: ",round(recall_score(y_test,y_pred),2))
fpr_sigmoid, tpr_sigmoid, _ = roc_curve(y_test, y_pred)
roc_auc_sigmoid = auc(fpr_sigmoid, tpr_sigmoid)
```

```
sigmoid kernel-  Precision:  0.92 Recall:  0.91
```

```
# svm算法模型, 径向基核函数 kernel='rbf'
svm = SVC(kernel='rbf')
model = svm.fit(X_train_std, y_train)
y_pred = model.predict(X_test_std)
y_test = label_binarize(y_test,classes=['no','yes'])
y_pred = label_binarize(y_pred,classes=['no','yes'])
print("Guassian kernel- ","Precision: ",round(precision_score(y_test,y_pred),2),"Recall: ",round(recall_score(y_test,y_pred),2))
fpr_rbf, tpr_rbf, _ = roc_curve(y_test, y_pred)
roc_auc_rbf = auc(fpr_rbf, tpr_rbf)
```

```
Guassian kernel-  Precision:  0.97 Recall:  0.92
```

图 12-65　认购定期存款——SVM 算法模型

```
plt.figure()
lw = 2

plt.plot(fpr_linear, tpr_linear,
        label='Linear Kernel ROC curve (area = {0:0.4f})'
            ''.format(roc_auc_linear),
        color='darkred', linestyle='--', linewidth=2)

plt.plot(fpr_rbf, tpr_rbf,
        label='Gaussian Kernel ROC curve (area = {0:0.4f})'
            ''.format(roc_auc_rbf),
        color='darkgreen', linestyle='--', linewidth=2)

plt.plot([0, 1], [0, 1], color='navy', lw=lw, linestyle='--')
plt.xlim([0.0, 1.0])
plt.ylim([0.0, 1.00])
plt.xlabel('False Positive Rate')
plt.ylabel('True Positive Rate')
plt.title('Receiver operating characteristic example')
plt.legend(loc="lower right")
plt.show()
```

续

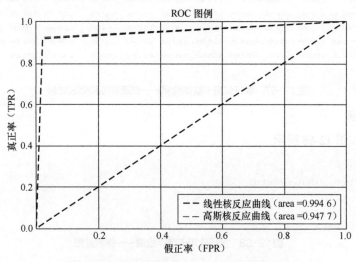

图 12-66　认购定期存款——SVM 算法模型内核

12.5 银行信用卡欺诈检测

12.5.1 案例描述

基于信用卡交易记录数据建立分类模型来预测哪些交易记录是异常的，哪些是正常的。

该案例流程，分 6 个步骤。

（1）案例描述。

（2）获取训练和测试数据。

（3）探索数据。

（4）清洗与预处理数据。

（5）建模、预测、选择最优的算法。

（6）模型评估与优化。

12.5.2 代码实现

1. 获取训练和测试数据

获取训练和测试数据如图 12-67 所示。

```python
import pandas as pd
import matplotlib.pyplot as plt
import numpy as np
from sklearn.preprocessing import StandardScaler
from sklearn.model_selection import train_test_split
from sklearn.linear_model import LogisticRegression
from sklearn.model_selection import KFold, cross_val_score
from sklearn.metrics import confusion_matrix,recall_score,classification_report
from sklearn.model_selection import cross_val_predict
```

```python
df = pd.read_csv(r"/Users/fangyong/work/data/creditcard.csv")
df.head()
```

	Time	V1	V2	V3	V4	V5	V6	V7	V8	V9	...	V21	V22	V23	V24
0	0.0	-1.359 807	-0.072 781	2.536 347	1.378 155	-0.338 321	0.462 388	0.239 599	0.098 698	0.363 787	...	-0.018 307	0.277 838	-0.110 474	0.066 928	0.12
1	0.0	1.191 857	0.266 151	0.166 480	0.448 154	0.060 018	-0.082 361	-0.078 803	0.085 102	-0.255 425	...	-0.225 775	-0.638 672	0.101 288	-0.339 846	0.16
2	1.0	-1.358 354	-1.340 163	1.773 209	0.379 780	-0.503 198	1.800 499	0.791 461	0.247 676	-1.514 654	...	0.247 998	0.771 679	0.909 412	-0.689 281	-0.32
3	1.0	-0.966 272	-0.185 226	1.792 993	-0.863 291	-0.010 309	1.247 203	0.237 609	0.377 436	-1.387 024	...	-0.108 300	0.005 274	-0.190 321	-1.175 575	0.64
4	2.0	-1.158 233	0.877 737	1.548 718	0.403 034	-0.407 193	0.095 921	0.592 941	-0.270 533	0.817 739	...	-0.009 431	0.798 278	-0.137 458	0.141 267	-0.20

5 rows × 31 columns

图 12-67　银行信用卡欺诈检测——获取训练和测试数据

2. 探索数据

探索数据如图 12-68 所示。

```python
# 样本数据非常不均衡
count_classes = df['Class'].value_counts()
count_classes
```

```
0    284315
1       492
Name: Class, dtype: int64
```

图 12-68　银行信用卡欺诈检测——探索数据

3. 清洗与预处理数据

清洗与预处理数据的相关内容如图 12-69 ～图 12-71 所示。

```python
########### 下采样数据均衡 ###########
X = df.loc[:, df.columns != 'Class']
y = df.loc[:, df.columns == 'Class']
# 得到所有异常样本的索引
number_records_fraud = len(df[df.Class == 1])
fraud_indices = np.array(df[df.Class == 1].index)

# 得到所有正常样本的索引
normal_indices = df[df.Class == 0].index

# 在正常样本中随机采样出指定个数的样本, 并取其索引
random_normal_indices = np.random.choice(normal_indices, number_records_fraud, replace = False)
# random_normal_indices=np.array (random_normal_indices)
# 有了正常和异常样本后把它们的索引都拿到手
under_sample_indices = np.concatenate([fraud_indices,random_normal_indices])
# 根据索引得到下采样所有样本点
under_sample_data = df.loc[under_sample_indices,:]
X_undersample = under_sample_data.loc[:, under_sample_data.columns != 'Class']
y_undersample = under_sample_data.loc[:, under_sample_data.columns == 'Class']

# 下采样 样本比例
print("正常样本所占整体比例: ", len(under_sample_data[under_sample_data.Class == 0])/len(under_sample_data))
print("异常样本所占整体比例: ", len(under_sample_data[under_sample_data.Class == 1])/len(under_sample_data))
print("下采样策略总体样本数量: ", len(under_sample_data))
```

```
正常样本所占整体比例:  0.5
异常样本所占整体比例:  0.5
下采样策略总体样本数量:  984
```

图 12-69　银行信用卡欺诈检测——样本均衡

```
# 标准化数据
df['normAmount'] = StandardScaler().fit_transform(df['Amount'].values.reshape(-1, 1))
df = df.drop(['Time','Amount'],axis=1)
df.head()
```

	V1	V2	V3	V4	V5	V6	V7	V8	V9	V10	...	V21	V22	V23	V24
0	−1.359 807	−0.072 781	2.536 347	1.378 155	−0.338 321	0.462 388	0.239 599	0.098 698	0.363 787	0.090 794	...	−0.018 307	0.277 838	−0.110 474	0.066 928
1	1.191 857	0.266 151	0.166 480	0.448 154	0.060 018	−0.082 361	−0.078 803	0.085 102	−0.255 425	−0.166 974	...	−0.225 775	−0.638 672	0.101 288	−0.339 846
2	−1.358 354	−1.340 163	1.773 209	0.379 780	−0.503 198	1.800 499	0.791 461	0.247 676	−1.514 654	0.207 643	...	0.247 998	0.771 679	0.909 412	−0.689 281
3	−0.966 272	−0.185 226	1.792 993	−0.863 291	−0.010 309	1.247 203	0.237 609	0.377 436	−1.387 024	−0.054 952	...	−0.108 300	0.005 274	−0.190 321	−1.175 575
4	−1.158 233	0.877 737	1.548 718	0.403 034	−0.407 193	0.095 921	0.592 941	−0.270 533	0.817 739	0.753 074	...	−0.009 431	0.798 278	−0.137 458	0.141 267

5 rows × 30 columns

图12-70 银行信用卡欺诈检测——标准化数据

```
# 数据拆分为训练集与测试集
X_train_undersample, X_test_undersample, y_train_undersample, y_test_undersample = train_test_split(X_undersample
,y_undersample,test_size = 0.3,random_state = 0)

###########fold 交叉验证 ###########
def printing_Kfold_scores(x_train_data,y_train_data):
    fold = KFold(5,shuffle=True)
    #定义不同力度的正则化惩罚力度
    c_param_range = [0.01]
    # k-fold 表示 K 折的交叉验证，这里会得到两个索引集合: 训练集 =indices[0]，验证集 =indices[1]
    recall_accs = []
    #一步步分解来执行交叉验证
    for iteration, indices in enumerate(fold.split(x_train_data)):

        #指定算法模型，并且给定参数
        lr = LogisticRegression(C = c_param_range[0], penalty = 'l2')

        # 训练模型, 注意索引上不要错了, 训练的时候一定传入的是训练集, 所以 x 和 y 的索引都是 0
        lr.fit(x_train_data.iloc[indices[0],:],y_train_data.iloc[indices[0],:].values.ravel())

        #建立好模型后, 预测模型结果, 这里用的就是验证集, 索引为1
        y_pred_undersample = lr.predict(x_train_data.iloc[indices[1],:].values)

        # 有了预测结果之后就可以进行评估了, 这里 recall_score 需要传入预测值和真实值。
        recall_acc = recall_score(y_train_data.iloc[indices[1],:].values,y_pred_undersample)
        #一会还要求平均，所以把每一步的结果都先保存起来。
        recall_accs.append(recall_acc)
        print('Iteration ', iteration,': 召回率 = ', recall_acc)
    print('平均召回率 ', np.mean(recall_accs))
    return c_param_range[0]

# Recall=TP/(TP+FN)
best_c = printing_Kfold_scores(X_train_undersample,y_train_undersample)
best_c

Iteration  0 : 召回率 =  0.821 917 808 219 178
Iteration  1 : 召回率 =  0.892 857 142 857 142 9
Iteration  2 : 召回率 =  0.904 109 589 041 095 8
Iteration  3 : 召回率 =  0.779 220 779 220 779 3
Iteration  4 : 召回率 =  0.863 636 363 636 363 6
平均召回率  0.852 348 336 594 911 8

0.01
```

图12-71 银行信用卡欺诈检测——kfold 交叉验证与标准化

4. 建模、预测、选择最优的算法

建模与预测如图 12-72 所示。

```
# 逻辑回归模型
lr = LogisticRegression(C = best_c, penalty = 'l2')
lr.fit(X_train_undersample,y_train_undersample.values.ravel())
y_pred_undersample = lr.predict(X_test_undersample.values)
```

图12-72 银行信用卡欺诈检测——建模与预测

5. 模型评估与优化

模型评估与优化的相关内容如图 12-73 ～ 图 12-76 所示。

```
# 自定义混淆矩阵
def plot_confusion_matrix(cm, classes,title='Confusion matrix',cmap=plt.cm.Blues):
    """绘制混淆矩阵"""
    plt.imshow(cm, interpolation='nearest', cmap=cmap)
    plt.title(title)
    plt.colorbar()
    tick_marks = np.arange(len(classes))
    plt.xticks(tick_marks, classes, rotation=0)
    plt.yticks(tick_marks, classes)

    thresh = cm.max() / 2.
    for i, j in itertools.product(range(cm.shape[0]), range(cm.shape[1])):
        plt.text(j, i, cm[i, j],
                    horizontalalignment="center",
                    color="white" if cm[i, j] > thresh else "black")

    plt.tight_layout()
    plt.ylabel('True label')
    plt.xlabel('Predicted label')
```

图12-73 银行信用卡欺诈检测——自定义混淆矩阵

```
# 计算所需值
cnf_matrix = confusion_matrix(y_test_undersample,y_pred_undersample)
np.set_printoptions(precision=2)

print("召回率: ", cnf_matrix[1,1]/(cnf_matrix[1,0]+cnf_matrix[1,1]))
print("准确率: ", (cnf_matrix[1,1]+cnf_matrix[0,0])/(cnf_matrix[1,0]+cnf_matrix[1,1]+cnf_matrix[0,0]+cnf_matrix[0,1]))

# 绘图
class_names = [0,1]
plt.figure()
plot_confusion_matrix(cnf_matrix, classes=class_names, title='Confusion matrix')
plt.show()
```

```
召回率:  0.829 931 972 789 115 7
准确率:  0.898 648 648 648 648 7
```

续

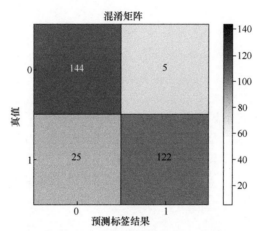

图 12-74　银行信用卡欺诈检测——混淆矩阵

```
########### 阈值对结果的影响 ###########
''' 随着阈值的上升，recall值在降低，也就是判断信用卡欺诈的条件越来越严格。并且阈值取0.5,0.6时相对效果较好'''
# 用之前最好的参数来进行建模
lr = LogisticRegression(C = 0.01, penalty = 'l2')
# 训练模型，还是用下采样的数据集
lr.fit(X_train_undersample,y_train_undersample.values.ravel())
# 得到预测结果的概率值
y_pred_undersample_proba = lr.predict_proba(X_test_undersample.values)
# 指定不同的阈值
thresholds = [0.1,0.2,0.3,0.4,0.5,0.6,0.7,0.8,0.9]
plt.figure(figsize=(10,10))
j = 1
# 用混淆矩阵来进行展示
for i in thresholds:
    y_test_predictions_high_recall = y_pred_undersample_proba[:,1] > i

    plt.subplot(3,3,j)
    j += 1

    cnf_matrix = confusion_matrix(y_test_undersample,y_test_predictions_high_recall)
    np.set_printoptions(precision=2)

    print("给定阈值为:",i,"时测试集召回率: ", cnf_matrix[1,1]/(cnf_matrix[1,0]+cnf_matrix[1,1]))

    class_names = [0,1]
    plot_confusion_matrix(cnf_matrix, classes=class_names, title='Threshold >= %s'%i)
```

```
给定阈值为: 0.1 时测试集召回率:  0.979 591 836 734 693 9
给定阈值为: 0.2 时测试集召回率:  0.945 578 231 292 517 1
给定阈值为: 0.3 时测试集召回率:  0.897 959 183 673 469 4
给定阈值为: 0.4 时测试集召回率:  0.870 748 299 319 727 9
给定阈值为: 0.5 时测试集召回率:  0.829 931 972 789 115 7
给定阈值为: 0.6 时测试集召回率:  0.802 721 088 435 374 2
给定阈值为: 0.7 时测试集召回率:  0.795 918 367 346 938 8
给定阈值为: 0.8 时测试集召回率:  0.789 115 646 258 503 4
给定阈值为: 0.9 时测试集召回率:  0.775 510 204 081 632 6
```

图 12-75　银行信用卡欺诈检测——模型调优

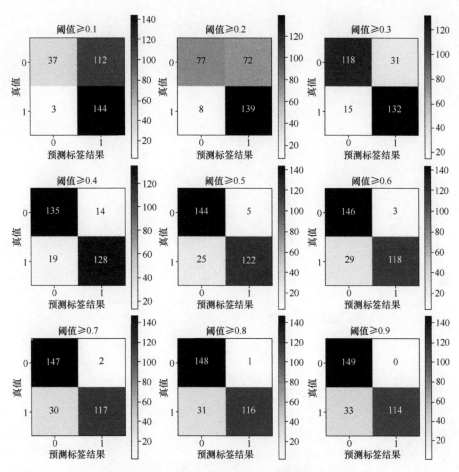

图 12-76　银行信用卡欺诈检测——模型调优、可视化

第 13 章

神经网络

13.1 深度学习

13.1.1 什么是深度学习

深度学习是机器学习的一个子领域，通过学习样本数据的内在规律和表示层次来获取信息，这些信息对诸如文字、图像和声音等数据的解释有很大的帮助。深度学习可以为回归任务提供实际值，也可以为分类任务提供每个类别的概率。

将深度学习方法用于分类任务，如图 13-1 所示。

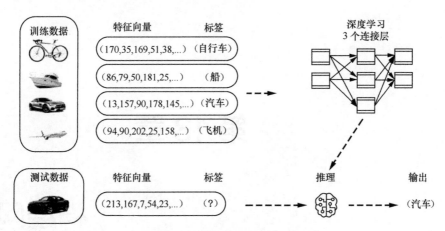

图 13-1　将深度学习方法用于分类任务

13.1.2 机器学习和深度学习的区别

机器学习和深度学习的区别如表 13-1 所示。

表 13-1　机器学习和深度学习的区别

对比项	机器学习	深度学习
数据依存关系	在中小型数据集上表现出色	在大型数据集上表现出色
硬件依赖性	在低端计算机上工作	需要功能强大的计算机，最好使用 GPU（深度学习要执行大量矩阵乘法）
特征工程	需要了解代表数据的最佳功能	无须了解代表数据的最佳功能
执行处理时间	从几分钟到几小时	长达数周（神经网络需要计算大量权重）
可解释性	有些算法易于解释（逻辑回归、决策树），有些则几乎不可能解释（SVM、XGBoost）	几乎不可能解释

通过对比可知，机器学习可以使用小的数据集来训练算法；深度学习需要广泛而多样的数据集来识别底层结构。此外，机器学习需要的训练时间短，而最先进的深度学习架构可能

需要几天到一周的时间来训练。深度学习较于机器学习的优点是它不需要特征工程，我们无须了解哪些功能是数据的最佳表示形式，而在机器学习中，我们需要选择在模型中包括哪些特征。

13.1.3 深度学习与层

在深度学习中，学习阶段是通过神经网络完成的。神经网络是一种结构，可模拟大脑中的神经元网络。神经网络的第一层称为输入层，最后一层称为输出层，介于两者之间的所有层称为隐藏层。通过连接各层构建成深度学习算法，"深"一字表示网络将神经元分为2层以上，如图13-2所示。

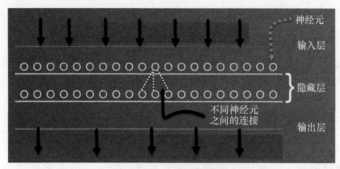

图13-2　3层神经网络

每个隐藏层都由神经元组成，神经元彼此连接。隐藏层的意义就是把输入数据的特征抽象到另一个维度空间，来展现其更抽象化的特征，这些特征能更好地被线性划分。深度学习过程中会消耗大量数据，数据被送到神经网络后，每个输入的数据进入神经元都会乘以一个权重，其输出结果流到下一层成为输入，网络的每一层都重复此过程，这样网络就能够学习越来越复杂的数据特征，最后经输出层输出最终结果。

13.1.4 深度学习的过程

深度神经网络在对象检测及语音识别等任务中能够保证结果的高准确性，它们可以自动学习，而不需要程序员明确编码的预定义知识。可以想象在一个家庭中，蹒跚学步的孩子用小手指指着物体，总是说"猫"这个词，由于父母担心他的教育，他们不断告诉他"是的，那是猫"或"不是，那不是猫"，而孩子会坚持指向物体，对"猫"的判断越来越准确。通过整体观察，孩子学会了如何将猫的复杂特征分层，并在做决定之前会关注尾巴或鼻子等细节。神经网络的工作原理完全相同，网络的层次越深，能学习到的知识越多。4层的神经网络将比2层的神经网络学习到更复杂的特征。深度学习分为两个阶段：第一阶段包括应用输入的非线性变换并创建统计模型作为输出；第二阶段旨在通过被称为导数的数学方法改进模型。

神经网络在训练过程中会重复这两个阶段数百至数千次，其间不断更新所有神经元的权重，直到准确性达到可容忍的水平。这两个阶段的重复称为迭代。

举个例子，看看下面的动作，该模型正在尝试学习如何跳舞。经过10分钟的训练后，该模型不知道如何跳舞，看上去像是涂鸦，如图 13-3 所示。

经过 48 小时的学习，该模型将掌握舞蹈技能，如图 13-4 所示。

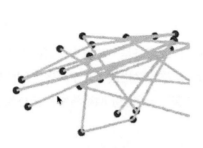

图 13-3　学习跳舞的模型（10 分钟后）

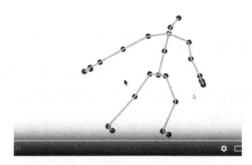

图 13-4　学习跳舞的模型（48 小时后）

13.2　前馈神经网络

神经网络分为如下两类。

（1）浅层神经网络。浅层神经网络在输入和输出之间只有一个隐藏层。

（2）深度神经网络。深度神经网络具有多个层，例如，用于图像识别的 Google LeNet 模型有 22 层。

前馈神经网络（FNN）是人工神经网络（ANN）的最简单类型。使用这种类型的体系结构，信息只能向前流动。这意味着，信息流从输入层开始，到隐藏层，然后在输出层结束。网络没有循环，信息停留在输出层。

13.2.1　感知器

感知器是一种初始形式的人工神经网络，通常简称为神经网络（NN），如图 13-5 所示。

感知器算法非常简单，它先将求和的加权输入和偏差相加，然后应用诸如 S 型或 tanh 的激活函数，再通过感知器学习规则或 Delta 规则来学习感知器的权重和偏差。

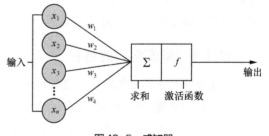

图 13-5　感知器

图 13-5 中的感知器由单个层组成，因为它在输入单元和输出单元之间只有一层加权连接。单层感知器可被视为最简单的前馈网络，并且单层感知器仅能够学习线性可分离的模式，如"或"逻辑功能。XOR 函数是单层感知器无法学习的代表性问题。

13.2.2　多层感知器

我们可以将感知器扩展为具有多层——输入层、隐藏层和输出层，它们被称为多层感知器。带有一个隐藏层的多层感知器示例如图 13-6 所示。

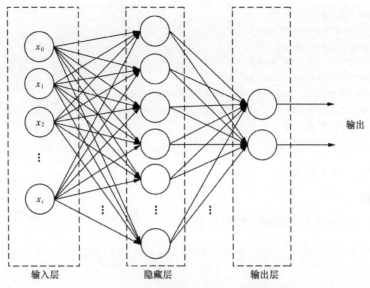

图 13-6　多层感知器（带有一个隐藏层）

单个隐藏层多层感知器在理论上可以学习任何函数。隐藏层会有很多好处，通常来说，如果网络具有一个隐藏层，则网络较浅；如果网络具有多个隐藏层，则网络较深。

对于训练多层感知器，权重和偏差使用反向传播和基于梯度的优化算法（如 SGD、RMSProp、Adam 等）进行更新。

13.3　FNN 实例——低速率小区

1. 实例描述

造成 LTE 网络小区下载速率较低的原因主要是在无线侧，还有一些原因是传输问题或者是核心网问题，可以通过参数调整优化及一些特殊新功能的开启来提升下载速率。但是，如果能提前预知低速率的小区，网络优化人员就可以更好地主动解决网络问题，从而提升用户满意度。

字段描述如下。

（1）cgi：小区标识。

（2）LOWSPEED：是否低速率小区。

（3）SUC_CALL_RATE：无线接通率。

（4）PRB_UTILIZE_RATE：无线利用率。

（5）mr MR：覆盖率。

（6）cover_type：覆盖类型。

（7）erabnbrmaxestab1 QCI1：最大 E-RAB 数。

（8）upspeed：网络上行速率。

2. 导入相关依赖库

导入相关依赖库，并输出 tf 版本信息。代码如下。

```
import numpy as np
import pandas as pd
import tensorflow as tf
from tensorflow import keras
import matplotlib.pyplot as plt
from sklearn.model_selection import train_test_split
from sklearn.preprocessing import StandardScaler
print(tf.__version__)
print(keras.__version__)
```

输出结果如图 13-7 所示。

3. 准备数据

读取 lowspeed.csv 文件的数据。代码如下。

```
2.2.0
2.3.0-tf
```

图 13-7　tf 版本信息

```
df = pd.read_csv('/content/drive/My Drive/data/lowspeed.csv',sep=
',',encoding='utf-8')
df.head()
```

输出结果如图 13-8 所示。

	cgi	LOWSPEED	SUC_CALL_RATE	PRB_UTILIZE_RATE	SUC_CALL_RATE_QCI1	mr	cover_type	erabnbrmaxestab1	upspeed
0	460-00-551319-5	1	1.0	0.049263	1.0	0.985866	1	1	276.260598
1	460-00-104694-53	1	1.0	0.178844	1.0	0.982057	0	3	240.174484
2	460-00-116533-2	1	1.0	0.063180	1.0	0.994896	1	3	79.056905
3	460-00-32099-132	1	1.0	0.017888	1.0	0.992172	1	1	1.165568
4	460-00-104091-18	1	1.0	0.017893	1.0	0.921879	1	1	0.906728

图 13-8　读取 lowspeed.csv 文件结果

4. 数据探索与预处理

（1）查看数据列的类型与数据量的大小。代码如下。

```
# 数据没有缺失，'cgi' 字段有英文字符
df.info()
```

输出结果如图 13-9 所示。

```
<class 'pandas.core.frame.DataFrame'>
RangeIndex: 55679 entries, 0 to 55678
Data columns (total 9 columns):
 #   Column              Non-Null Count   Dtype
---  ------              --------------   -----
 0   cgi                 55679 non-null   object
 1   LOWSPEED            55679 non-null   int64
 2   SUC_CALL_RATE       55679 non-null   float64
 3   PRB_UTILIZE_RATE    55679 non-null   float64
 4   SUC_CALL_RATE_QCI1  55679 non-null   float64
 5   mr                  55679 non-null   float64
 6   cover_type          55679 non-null   int64
 7   erabnbrmaxestab1    55679 non-null   int64
 8   upspeed             55679 non-null   float64
dtypes: float64(5), int64(3), object(1)
memory usage: 3.8+ MB
```

图 13-9　查看数据类型与数据量大小

（2）删除无相关性的列。代码如下。

```
# 去掉字符串类型的列
df.drop('cgi',axis=1,inplace=True)
df.head(2)
```

输出结果如图 13-10 所示。

	LOWSPEED	SUC_CALL_RATE	PRB_UTILIZE_RATE	SUC_CALL_RATE_QCI1		mr	cover_type	erabnbrmaxestab1	upspeed
0	1	1.0	0.049263	1.0	0.985866		1	1	276.260598
1	1	1.0	0.178844	1.0	0.982057		0	3	240.174484

图 13-10　删除无相关性的列

（3）查看样本是否均衡。代码如下。

```
# 样本数据明显不均衡，正样本 52905，负样本 2774，需要做样本均衡处理。
df['LOWSPEED'].value_counts().to_dict()
```

输出结果如图 13-11 所示。

（4）采用下采样，实现样本均衡。代码如下。

{0: 52905, 1: 2774}
图 13-11　正负样本不均衡

```
''' 随机选择2 774条正样本数据与2 774条负样本数据，合并为一个新的二维数组。'''
# 索引——异常
fraud_indices = np.array(df[df['LOWSPEED']==1].index)
# 索引——正常
normal_indices = np.array(df[df['LOWSPEED']==0].index)
# 索引——正常［随机取 len(fraud_indices)］
randome_normal_indices = np.random.choice(normal_indices,len(fraud_
indices),replace=False)
# 索引合并
indices = np.concatenate([fraud_indices,randome_normal_indices])
# 更具索引取数据
df = df.loc[indices]
df['LOWSPEED'].value_counts().to_dict()
```

输出结果如图 13-12 所示。

{0: 2774, 1: 2774}
图 13-12　正负样本均衡

（5）提取出 feature 与 label。代码如下。

```
# 数据拆分为 x,y 即 feature 与 label
cols = df.columns.values.tolist()
df1 = df.copy()
x = df1.loc[:,[col for col in cols if col!='LOWSPEED']]
print(x.shape)
y = df.loc[:,['LOWSPEED']]
print(y.shape)
```

输出结果如图 13-13 所示。

（6）数据拆分为训练集与测试集，并标准化。代码如下。

(5548, 7)
(5548, 1)
图 13-13　feature 与 label

```
# 数据拆分为训练与测试，比例为 0.7 : 0.3
x_train,x_test,y_train,y_test = train_test_split(x,y,test_size=0.3,random_
state=0)
# 数据标准化
sc = StandardScaler()
```

```
sc.fit(x_train)
sc.fit(x_test)
x_train_std = sc.transform(x_train)
x_test_std = sc.transform(x_test)
```

5. 建立模型

建立 3 层神经网络。代码如下。

```
model = keras.Sequential()
model.add(keras.layers.Dense(12, input_dim=7, activation='relu'))
model.add(keras.layers.Dense(7, activation='relu'))
model.add(keras.layers.Dense(1, activation='sigmoid'))
model.summary()
```

输出结果如图 13-14 所示。

```
Model: "sequential_3"

Layer (type)                 Output Shape              Param #
=================================================================
dense_9 (Dense)              (None, 12)                96
_____
dense_10 (Dense)             (None, 7)                 91
_____
dense_11 (Dense)             (None, 1)                 8
=================================================================
Total params: 195
Trainable params: 195
Non-trainable params: 0
```

图 13-14　建立 3 层神经网络

6. 训练模型

对模型进行编译与训练。代码如下。

```
# compile the keras model
model.compile(loss='binary_crossentropy', optimizer='adam', metrics=
['accuracy'])
# fit the keras model on the dataset
model.fit(x_train_std, y_train, epochs=10, batch_size=10)
```

输出结果如图 13-15 所示。

```
Epoch 1/10
389/389 [==============================] - 0s 1ms/step - loss: 0.5428 - accuracy: 0.7690
Epoch 2/10
389/389 [==============================] - 0s 1ms/step - loss: 0.3767 - accuracy: 0.8622
Epoch 3/10
389/389 [==============================] - 1s 1ms/step - loss: 0.3398 - accuracy: 0.8697
Epoch 4/10
389/389 [==============================] - 1s 1ms/step - loss: 0.3240 - accuracy: 0.8769
Epoch 5/10
389/389 [==============================] - 0s 1ms/step - loss: 0.3132 - accuracy: 0.8805
Epoch 6/10
389/389 [==============================] - 1s 1ms/step - loss: 0.3022 - accuracy: 0.8833
Epoch 7/10
389/389 [==============================] - 0s 1ms/step - loss: 0.2965 - accuracy: 0.8849
Epoch 8/10
389/389 [==============================] - 1s 1ms/step - loss: 0.2922 - accuracy: 0.8864
Epoch 9/10
389/389 [==============================] - 1s 1ms/step - loss: 0.2887 - accuracy: 0.8864
Epoch 10/10
389/389 [==============================] - 1s 1ms/step - loss: 0.2852 - accuracy: 0.8887
<tensorflow.python.keras.callbacks.History at 0x7f0b1a0b4748>
```

图 13-15　对模型进行编译与训练

7. 评估模型

对模型进行评估。代码如下。

```
score = model.evaluate(x_test_std, y_test, verbose=0)
print("Val loss:", score[0])
print("Val accuracy:", score[1])
```

输出结果如图 13-16 所示。

8. 保存模型

对模型进行保存。代码如下。

```
Val loss: 0.2919740080833435
Val accuracy: 0.8852852582931519
```

图 13-16 评估模型

```
json_string = model.to_json()#等价于 json_string = model.get_config()
open('my_model_architecture.json','w').write(json_string)
model.save('my_lowspeed_model.h5')
```

9. 完整代码

完整代码如下所示。

```
# 1.导入相关依赖库
"""
import numpy as np
import pandas as pd
import tensorflow as tf
from tensorflow import keras
import matplotlib.pyplot as plt
from sklearn.model_selection import train_test_split
from sklearn.preprocessing import StandardScaler
print(tf.__version__)
print(keras.__version__)
"""# 2.准备数据 """
# 挂载 Google 云端硬盘
from google.colab import drive
drive.mount('/content/drive')
df = pd.read_csv('/content/drive/My Drive/data/lowspeed.csv', sep=',
',encoding='utf-8')
df.head()
"""# 数据探索与预处理 """
# 数据没有缺失, 'cgi' 字段有英文字符
df.info()
# 去掉字符串类型的列
df.drop('cgi',axis=1,inplace=True)
df.head(2)
# 样本数据明显不均衡, 正样本 52 905, 负样本 2 774, 需要做样本均衡处理
df[‘LOWSPEED’].value_counts().to_dict()
''' 随机选择 2 774 条正样本数据与 2 774 条负样本数据, 合并为一个新的二维数组。'''
# 索引——异常
fraud_indices = np.array(df[df['LOWSPEED']==1].index)
# 索引——正常
normal_indices = np.array(df[df['LOWSPEED']==0].index)
# 索引——正常 [ 随机取 len(fraud_indices) ]
```

```
randome_normal_indices = np.random.choice(normal_indices,len(fraud_
indices),replace=False)
#索引合并
indices = np.concatenate([fraud_indices,randome_normal_indices])
#根据索引取数据
df = df.loc[indices]
df['LOWSPEED'].value_counts().to_dict()
# 数据拆分为 x,y 即 feature 与 label
cols = df.columns.values.tolist()
df1 = df.copy()
x = df1.loc[:,[col for col in cols if col!='LOWSPEED']]
print(x.shape)
y = df.loc[:,['LOWSPEED']]
print(y.shape)
# 数据拆分为训练与测试, 比例为 7∶3
x_train,x_test,y_train,y_test = train_test_split(x,y,test_size=0.3,random_
state=0)
# 数据标准化
sc = StandardScaler()
sc.fit(x_train)
sc.fit(x_test)
x_train_std = sc.transform(x_train)
x_test_std = sc.transform(x_test)
"""# 3.建立模型 """
model = keras.Sequential()
model.add(keras.layers.Dense(12, input_dim=7, activation='relu'))
model.add(keras.layers.Dense(7, activation='relu'))
model.add(keras.layers.Dense(1, activation='sigmoid'))
model.summary()
"""# 4.训练模型 """
# compile the keras model
model.compile(loss='binary_crossentropy', optimizer='adam', metrics=
['accuracy'])
# fit the keras model on the dataset
model.fit(x_train_std, y_train, epochs=10, batch_size=10)
"""# 5.评估模型 """
score = model.evaluate(x_test_std, y_test, verbose=0)
print("Val loss:", score[0])
print("Val accuracy:", score[1])
"""# 6.保存模型 """
json_string = model.to_json()# 等价于 json_string = model.get_config()
open('my_model_architecture.json','w').write(json_string)
model.save('my_lowspeed_model.h5')
```

13.4　递归神经网络

递归神经网络（RNN，Recurrent Neural Network）是一个多层神经网络，可以将信息存储在上下文节点中，因而能够学习数据序列并输出数字或其他序列。简单来说，递归神经网络是一个人工神经网络，非常适合处理输入序列，如图 13-17 所示。

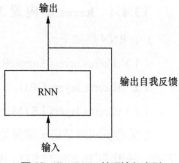

图 13-17　RNN 处理输入序列

例如，预测句子"Do you want a... ？"中的下一个单词。RNN 神经元将收到一个指向句子开头的信号，网络接收单词"Do"作为输入，并产生该数字的向量。该向量被反馈到神经元，为网络提供记忆。此阶段可帮助网络记住它收到的"Do"，并且是在第一个位置收到的。网络将类似地进行下一个单词的接收（"you"和"want"）。每接收一个单词，神经元的状态就会更新一次。最后阶段发生在收到单词"a"之后。神经网络将为每个英语单词提供一个可以用来完成句子的概率。训练有素的 RNN 可能会给"coffee""drink""hamburger"等单词分配较高的概率。

13.4.1　RNN 的常见用途

RNN 的常见用途如下。

（1）帮助证券交易者生成分析报告。

（2）检测财务报表合同中的异常。

（3）检测欺诈性信用卡交易。

（4）提供图像标题。

（5）构建强大的聊天机器人。

（6）使用时间序列数据（如录音或文本）。

13.4.2　RNN 的优势

RNN 是一种在时间维度上进行迭代的神经网络，在建模序列数据方面有优越的性能。TensorFlow2 中包含了主流的 RNN 网络实现，Keras 构建 RNN 以 Keras RNN API 的方式调用，其特性如下。

（1）易用性：内置 tf.keras.layers.RNN、tf.keras.layers.LSTM 和 tf.keras.layers.GRU，可以快速构建 RNN 模块。

（2）易于定制：使用自定义操作循环来构建 RNN 模块，并通过 tf.keras.layers.RNN 调用。

13.4.3　RNN 的工作原理

输入一个词后，这个词被转换成为机器可读的向量。输入一段文本后，RNN 按照顺序逐个处理向量序列。RNN 会把先前的隐藏状态传递给向量序列的下一步，这个隐藏状态就是神经网络的记忆，包含网络先前见过的数据信息。那么隐藏状态是如何处理的呢？首先把输入和上一步的隐藏状态组合成为一个向量，之后这个向量经过 tanh 或 tan 函数激活，输出新的隐藏状态。tanh 函数主要用来调节流经网络的值，使其一直被约束在 −1 和 1 之间（避免了某些值经过神经网络计算后变得太大）。

13.4.4 keras 中内置 3 个 RNN 层

3 个 RNN 层如下。

（1）tf.keras.layers.SimpleRNN，普通 RNN 网络。

（2）tf.keras.layers.GRU，门控循环神经网络。

（3）tf.keras.layers.LSTM，长短期记忆神经网络。

如果卷积网络是用于图像处理的深层网络，则循环网络是用于语音和语言处理的网络。例如，基于递归网络的 LSTM 和 GRU 网络都可用于自然语言处理（NLP）。

13.4.5 普通 RNN 网络

在深度学习中，我们在完全连接的网络中对 h 建模，数学表达式如式（13-1）所示。

$$h = f(x_i)$$

（13-1）

时间步长范围为 $t-1$ 至 $t+1$。

时间步长和 RNN 模型如图 13-18 和图 13-19 所示。

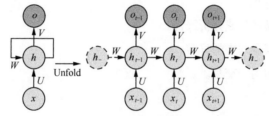

图 13-18　时间步长

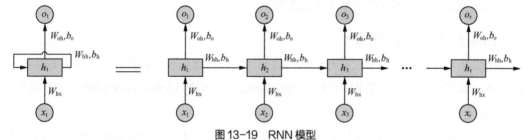

图 13-19　RNN 模型

其中，

x：输入向量（$m \times 1$）；

h：隐藏层矢量（$n \times 1$）；

o：输出向量（$n \times 1$）；

b：偏差向量（$n \times 1$）；

U、W、V：参数矩阵（$n \times m$）。

13.4.6 长短期记忆神经网络

整体上看，LSTM 和 RNN 是类似的，既向前传递信息，又处理当前信息。但是，LSTM 允许保留或者忘记信息。LSTM 有两个单独的变量 h_t 和 C，LSTM 单元的隐藏状态为 C，数学表达式如式（13-2）所示。

$$\tilde{C} = \tanh\left(W_{cx}\, x_t + W_{ch} h_{t-1} + b_c\right) \qquad (13\text{-}2)$$

RNN 与 LSTM 的关系如图 13-20 所示。LSTM 模型如图 13-21 所示。

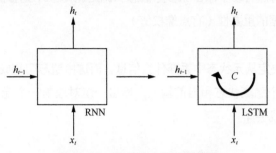

图 13-20　RNN 与 LSTM 的关系

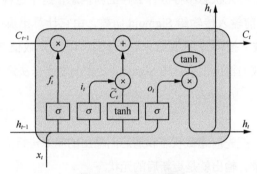

图 13-21　LSTM 模型

其中，

h、C：隐藏层向量；

x：输入向量；

b：偏差向量；

W：参数矩阵；

σ、$\tanh$：激活功能。

LSTM 的一个元如图 13-22 所示，其核心为元的各种状态和控制门，可以把有用的信息保留在元中，并移除无用信息。下面我们看一下每个具体的部分。

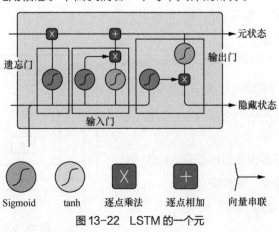

图 13-22　LSTM 的一个元

（1）Sigmoid 激活函数。

每个门都包含 Sigmoid 激活函数，这个函数与 tanh 函数的区别在于，Sigmoid 函数将取值约束在 [0,1]。这个特点有助于保留和移除信息。取值如果是 0，则移除；如果是 1，则保留；位于中间，则体现数据的重要性（有点像权值）。

（2）遗忘门。

LSTM 的第一步决定从元状态中丢弃什么信息，而这由遗忘门完成。

该门会读取前一个隐藏状态和当前输入，输出一组对应前一个元状态中数字的 [0,1] 之间的权值，表示保留或丢弃。

（3）输入门。

LSTM 下一步是确定在元状态中存放什么样的新信息，这个过程由输入门完成。首先，输入门将隐藏状态和当前输入传输给 Sigmoid 函数，由它计算出哪些值更加重要，同时，也把值传递给 tanh 函数，把向量的值约束在 [-1,1]，以防止数值过大。最后，输入门把 Sigmoid 函数和 tanh 函数的输出相乘，由 Sigmoid 函数的输出来决定 tanh 函数输出的哪些信息是重要的。

（4）元状态。

更新元状态。首先，把先前隐藏状态和遗忘门输出的向量进行点乘。之后，再把前面的输出和输入门的输出点乘，输出就是更新后的元状态。

（5）输出门。

输出门决定了下一个隐藏状态是什么，具体见图 13-22。隐藏状态包含与先前输入有关的信息，神经网络的预测能力正是基于这个信息。首先，将先前隐藏状态和当前输入传给 Sigmoid 函数，决定元状态的哪个部分将输出。之后，把更新后的元状态传给 tanh 函数。最后把 2 个激活函数的输出结果相乘，即可得到下一步的新隐藏状态。

总之，遗忘门决定的是和先前步骤有关的重要信息，输入门决定的是要从当前步骤中添加哪些重要信息，输出门决定下一个隐藏状态是什么。

13.4.7　门控循环神经网络

GRU 跟 LSTM 很像，但是它摆脱了元状态，直接用隐藏状态传递信息。

（1）更新门。

与 LSTM 的遗忘门和输入门类似，更新门决定要丢弃的信息和要添加的信息。

（2）重置门。

重置门决定要丢弃多少先前的信息。GRU 相比于 LSTM，张量操作少，速度快。

GRU 结构如图 13-23 所示。

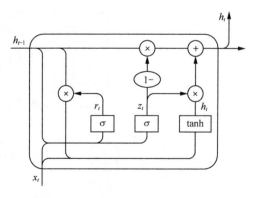

图 13-23　GRU 结构

其中，

h：隐藏层向量；

x：输入向量；

b：偏差向量；

W：参数矩阵；

σ、tanh：激活功能。

13.4.8　RNN、LSTM、GRU 模型汇总

RNN、LSTM、GRU 模型如图 13-24 所示。

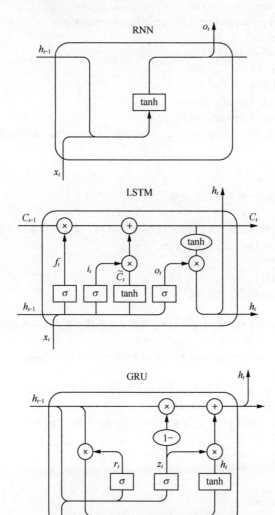

图13-24　RNN、LSTM、GRU 模型

13.5 RNN 实例——低速率小区

采用 RNN 对低速率小区进行预测。代码如下。

```python
## 1.导入相关依赖库
"""
import numpy as np
import pandas as pd
import tensorflow as tf
from tensorflow import keras
import matplotlib.pyplot as plt
from sklearn.model_selection import train_test_split
from sklearn.preprocessing import StandardScaler
print(tf.__version__)
print(keras.__version__)
"""## 2.加载数据 """
# 挂载 Google 云端硬盘
from google.colab import drive
drive.mount('/content/drive')
df = pd.read_csv('/content/drive/My Drive/data/lowspeed.csv',sep=',
',encoding='utf-8')
df.head()
"""## 3.浏览数据 """
# 数据没有缺失, 'cgi' 字段有英文字符
df.info()
# 样本数据明显不均衡, 正样本 52 905, 负样本 2 774, 需要做样本均衡处理。
df['LOWSPEED'].value_counts().to_dict()
"""# 4.清洗数据 """
# 去掉字符串类型的列
df.drop('cgi',axis=1,inplace=True)
df.head(2)
''' 随机选择 2 774 条正样本数据与 2 774 条负样本数据, 合并为一个新的二维数组。'''
# 索引——异常
fraud_indices = np.array(df[df['LOWSPEED']==1].index)
# 索引——正常
normal_indices = np.array(df[df['LOWSPEED']==0].index)
# 索引——正常 [ 随机取 len(fraud_indices) ]
randome_normal_indices = np.random.choice(normal_indices,len(fraud_
indices),replace=False)
# 索引合并
indices = np.concatenate([fraud_indices,randome_normal_indices])
# 根据索引取数据
df = df.loc[indices]
df['LOWSPEED'].value_counts().to_dict()
"""# 5.建模和预测 """
# 数据拆分为 x、y, 即 feature 与 label
cols = df.columns.values.tolist()
df1 = df.copy()
x = df1.loc[:,[col for col in cols if col!='LOWSPEED']]
print(x.shape)
y = df.loc[:,['LOWSPEED']]
```

```
print(y.shape)
# 数据拆分为训练集与测试集，比例为 7 : 3
x_train,x_test,y_train,y_test = train_test_split(x,y,test_size=0.3,random_
state=0)
model = tf.keras.Sequential()
# input_dim 是词典大小，output_dim 是词嵌入维度
model.add(keras.layers.Embedding(input_dim=10000, output_dim=64))
# 添加 lstm 层，输出最后一个时间步
model.add(keras.layers.SimpleRNN(128))
model.add(keras.layers.Dense(1, activation='sigmoid'))
model.summary()
# compile the keras model
model.compile(loss='binary_crossentropy', optimizer='adam', metrics=
['accuracy',tf.keras.metrics.AUC(),tf.keras.metrics.Recall()])
# fit the keras model on the dataset
model.fit(x_train, y_train, epochs=10, batch_size=10)
"""# 6.评估模型 """
score = model.evaluate(x_test, y_test, verbose=0)
print("Val loss:", score[0])
print("Val accuracy:", score[1])
from sklearn.metrics import f1_score, confusion_matrix
y_pred = pd.DataFrame(model.predict(x_test))
# 将预测值 y>0.5 设置为 1
# 将预测值 y≤0.5 设置为 0
y_pred[y_pred > 0.5]=1
y_pred[y_pred <= 0.5]=0
# print(y_test['LOWSPEED'])
# print(y_pred)
# Print f1, precision, and recall scores
print(confusion_matrix(y_test, y_pred))
print(f1_score(y_test, y_pred , average="macro"))
"""# 7.保存模型 """
json_string = model.to_json()# 等价于 json_string = model.get_config()
open('my_model_architecture_rnn.json','w').write(json_string)
model.save('my_lowspeed_model_rnn.h5')
```

代码输出结果。

```
Val loss: 0.3323795795440674
Val accuracy: 0.8630630373954773
[[705 130]
 [ 98 732]]
0.8630270438781078
```

RNN 对低速率小区实例预测的准确率为 0.86。

13.6 卷积神经网络

卷积神经网络（CNN，Convolutional Neural Network）是一种多层神经网络，具有独特的体系结构，旨在提取每一层数据的特征以确定输出。CNN 非常适合感知任务，通常存在

于非结构化数据集（如图像）。

13.6.1　CNN 应用

（1）骨骼识别，如图 13-25 所示。

图 13-25　骨骼识别

（2）人脸识别，如图 13-26 所示。

图 13-26　人脸识别

（3）目标分割，如图 13-27 和图 13-28 所示。

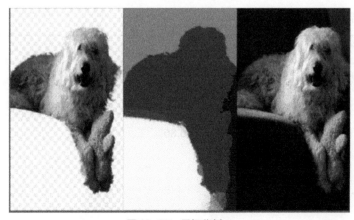

图 13-27　目标分割 1

图 13-28 目标分割 2

（4）目标定位检测，如图 13-29 和图 13-30 所示。

图 13-29 目标定位检测 1

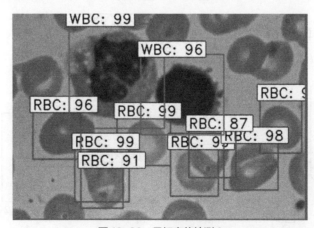

图 13-30 目标定位检测 2

（5）图像分类，如图 13-31 所示。

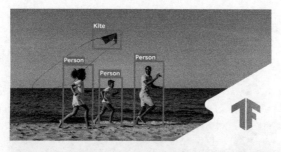

图 13-31　图像分类

（6）图像检索，如图 13-32 所示。

图 13-32　图像检索

13.6.2　CNN 的基本架构

CNN 模型的结构如图 13-33 所示。

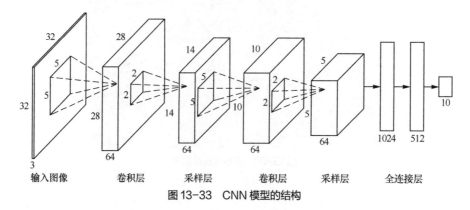

图 13-33　CNN 模型的结构

其核心由 3 个部分组成。

（1）卷积层提取图像特征。

（2）采样层（池化层）降维，防止过拟合。

（3）全连接层输出结果。

13.6.3 卷积运算

如图 13-34 所示，输入图像在经过卷积层处理后，得到了左侧图片的特征值。简单来说，就是用一个卷积核（也可以叫过滤器）扫描完整的图像，保留主要特征。当然在计算机中，这些都是以数字形式呈现的。

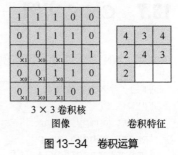

3 × 3 卷积核
图像　　　　　卷积特征

图 13-34　卷积运算

13.6.4 池化运算

卷积层之后，便是采样层，也叫池化层。卷积层相当于减少了不同神经元之间连接的数量，但神经元的个数并没有显著减少。这时候就需要采样层参与了。采样层的作用就是降低特征维度，避免过拟合现象的发生。池化运算通过提取边缘特征，对于冗余或者不重要的区域特征尽量丢弃或较少保留，这样就能减少参数或简化提取参数的过程，使数据量大幅下降，效率大幅提升，从而降低计算成本，如图 13-35 所示。

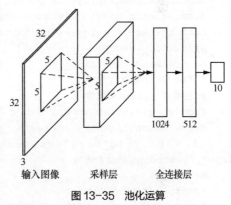

图 13-35　池化运算

13.6.5 全连接层

最后一步，就是全连接层输出结果。经卷积层和采样层处理过的数据输入全连接层，得到最终的结果，如图 13-36 所示。

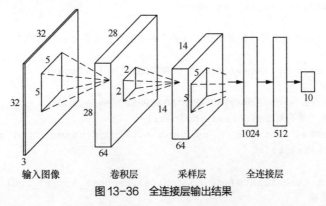

图 13-36　全连接层输出结果

例如，CNN 模型的任务是预测图像标题。假设网络的输入是一幅猫的图像，该图像在网络看来是像素的集合。通常，单通道卷积运算用于灰度图像，三通道卷积运算用于彩色图像。在特征学习期间（隐藏层），网络将识别图像的特征，如猫的尾巴、耳朵等。当网络彻底学

231

习了如何识别图像时，就可以计算图像对应每个标题的概率，具有最高概率的标题将成为预测结果。

13.7 CNN 实例——低速率小区

采用 CNN 对低速率小区实例进行预测。代码如下。

```python
## 1. 导入相关依赖库
"""
import numpy as np
import pandas as pd
import tensorflow as tf
from tensorflow import keras
import matplotlib.pyplot as plt
from sklearn.model_selection import train_test_split
from sklearn.preprocessing import StandardScaler
print(tf.__version__)
print(keras.__version__)
"""## 2. 加载数据 """
# 挂载 Google 云端硬盘
from google.colab import drive
drive.mount('/content/drive')
df = pd.read_csv('/content/drive/My Drive/data/lowspeed.csv',
sep=',',encoding='utf-8')
df.head()
"""## 3. 浏览数据 """
# 数据没有缺失，'cgi' 字段有英文字符
df.info()
# 样本数据明显不均衡，正样本 52 905，负样本 2 774，需要做样本均衡处理。
df['LOWSPEED'].value_counts().to_dict()
"""# 4. 清洗数据 """
# 去掉字符串类型的列
df.drop('cgi',axis=1,inplace=True)
df.head(2)
''' 随机选择 2 774 条正样本数据与 2 774 条负样本数据，合并为一个新的二维数组。'''
# 索引——异常
fraud_indices = np.array(df[df['LOWSPEED']==1].index)
# 索引——正常
normal_indices = np.array(df[df['LOWSPEED']==0].index)
# 索引——正常 [ 随机取 len(fraud_indices)]
randome_normal_indices = np.random.choice(normal_indices,len(fraud_
indices),replace=False)
# 索引合并
indices = np.concatenate([fraud_indices,randome_normal_indices])
# 根据索引取数据
df = df.loc[indices]
df['LOWSPEED'].value_counts().to_dict()
"""# 5. 预处理数据 """
```

```python
# 数据拆分为 x、y，即 feature 与 label
cols = df.columns.values.tolist()
df1 = df.copy()
x = df1.loc[:,[col for col in cols if col!='LOWSPEED']]
print(x.shape)
y = df.loc[:,['LOWSPEED']]
print(y.shape)
# 数据拆分为训练集与测试集，比例为 7 : 3
x_train,x_test,y_train,y_test = train_test_split(x,y,test_size=0.3,random_
state=0)
# 数据标准化
# sc = StandardScaler()
# sc.fit(x_train)
# sc.fit(x_test)
# x_train_std = sc.transform(x_train)
# x_test_std = sc.transform(x_test)
# model = tf.keras.Sequential()
# input_dim是词典大小，output_dim是词嵌入维度
# model.add(keras.layers.Embedding(input_dim=10000, output_dim=64))
# 添加 lstm 层，输出最后一个时间步
# model.add(keras.layers.SimpleRNN(128))
# model.add(keras.layers.Dense(1, activation='sigmoid'))
# set parameters:
max_features = 5000
maxlen = 400
batch_size = 32
embedding_dims = 50
filters = 250
kernel_size = 3
hidden_dims = 250
epochs = 2
print('Build model...')
model = tf.keras.Sequential()
# we start off with an efficient embedding layer which maps
# our vocab indices into embedding_dims dimensions
model.add(keras.layers.Embedding(max_features,
                    embedding_dims,
                    input_length=maxlen))
model.add(keras.layers.Dropout(0.2))
# we add a Convolution1D, which will learn filters
# word group filters of size filter_length
model.add(keras.layers.Conv1D(filters,
                kernel_size,
                padding='valid',
                activation='relu',
                strides=1))
# we use max pooling
model.add(keras.layers.GlobalMaxPooling1D())
# We add a vanilla hidden layer
model.add(keras.layers.Dense(hidden_dims))
model.add(keras.layers.Dropout(0.2))
model.add(keras.layers.Activation('relu'))
```

233

```
# We project onto a single unit output layer, and squash it with a sigmoid
model.add(keras.layers.Dense(1))
model.add(keras.layers.Activation('sigmoid'))
model.summary()
# compile the keras model
model.compile(loss='binary_crossentropy', optimizer='adam',
metrics=['accuracy',tf.keras.metrics.AUC(),tf.keras.metrics.Recall()])
# fit the keras model on the dataset
model.fit(x_train, y_train, epochs=10, batch_size=10)
"""# 6.评估模型 """
score = model.evaluate(x_test, y_test, verbose=0)
print("Val loss:", score[0])
print("Val accuracy:", score[1])
from sklearn.metrics import f1_score, confusion_matrix
y_pred = pd.DataFrame(model.predict(x_test))
# 将预测值 y>0.5 设置为 1
# 将预测值 y≤0.5 设置为 0
y_pred[y_pred > 0.5]=1
y_pred[y_pred <= 0.5]=0
# print(y_test['LOWSPEED'])
# print(y_pred)
# Print f1, precision, and recall scores
print(confusion_matrix(y_test, y_pred))
print(f1_score(y_test, y_pred , average="macro"))
"""# 7.保存模型 """
json_string = model.to_json()# 等价于 json_string = model.get_config()
open('my_model_architecture_rnn.json','w').write(json_string)
model.save('my_lowspeed_model_rnn.h5')
```

代码输出结果。

```
Val loss: 0.40403056144714355
Val accuracy: 0.8492492437362671
[[673 162]
 [ 89 741]]
0.8489973807640625
```

CNN 对低速率小区实例预测的准确率为 0.84。